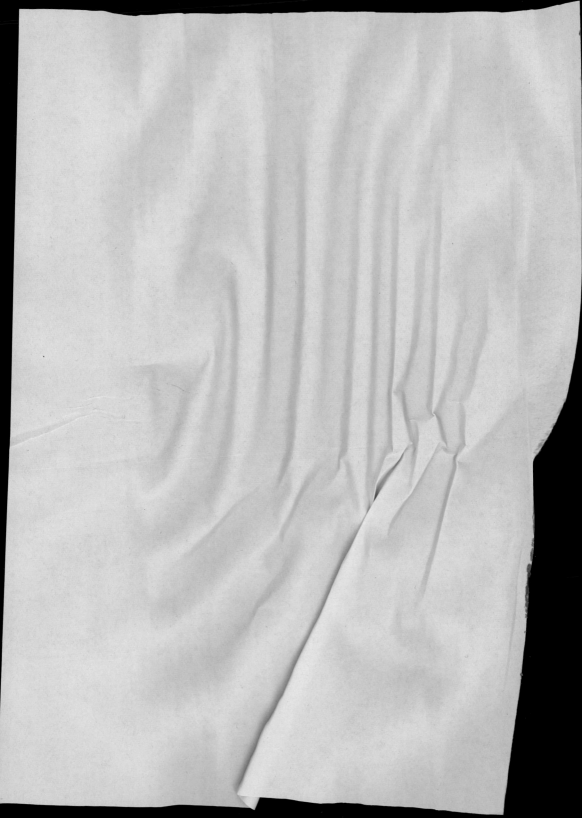

工作就是在打怪

用公關心法，
打通你的職場任督二脈！

Winner 公關溫拿

FOREWORD

推薦序

工作就是在打怪

——用公關心法，打通你的職場任督二脈！

FOREWORD

推薦序——堅定初衷，走完自己的職場生涯

王蜜穜（Winner），一位外表看起來遠比實際經歷年輕許多的小姐。人如其名，不論過程多麼辛苦，她總會打拚到最後一刻，變成勝利者：Winner。

我在行政院任職時，曾主管科技和資訊，她邀請我參加開源社群COSCUP的活動。她與一群年輕朋友把年會活動辦得有聲有色，活力四現。回顧當年我與一些資訊界老友共創「中華民國開放系統協會」（Chinese Open Systems Association, COSA），非常辛苦，創會理事長黃河明兄還自掏腰包百萬元來支持協會。沒想到事隔多年，開放系統已經變成顯學。除了國際趨勢使然外，一大原因就是，背後有像Winner這樣全心投入的新血，讓臺灣在國際開源社群裡位居要角。

行政院卸任後，我常跑花蓮，在自己的農地破舍修身養性。有一天Winner又來找我，

希望我替她擔任祕書長的臺灣部落客協會在花蓮辦個處女秀活動。我當然推薦在花蓮辦活動，因為有特色民宿、美食，再加上好山好水，最適合部落客發揮。我幫她聯絡花蓮縣府，讓活動順利舉辦，縣府還意外給一小筆經費，贊助這個行銷花蓮的活動。這群部落客果真盡興發揮網路文筆，而我與他們後來也成了好朋友。

上面兩樁事，只是Winner兼職的公益義務，她的投入卻一點也不計較，讓活動圓滿完成。當然，她在自己的正職工作上也沒有怠惰，適當場合也會找我參加。我認識她沒幾年，透過她邀請參與的活動都是不同屬性。她說自己投入職場近二十年，如果用我接觸她的這幾年去「外插」，她的工作經歷絕對遠比我這六十多歲的人刺激百倍。

我卸任院長後的這幾年，外界演講邀約不斷，最常講的題目就是從自己的經歷談人生事業發展。人生的過程就是不斷地經歷、學習，然後把經驗分享給大家。Winner用這本書分享她的職場心得，內容非常多元，影響力也比我一場場演講接觸有限的聽眾更為廣泛。我衷心佩服她的發念！

Winner是一位虔誠的基督徒，將職場裡受到的壓力、委屈訴諸上帝，把持良善的初衷。沒有被職場形形色色的人感染，永遠心存善念、幫助他人，是她最珍貴的地方。然而也可以由這本書的章節分類看出，其實她心裡非常清楚職場上的善與惡、虛與實，知道哪些人值得學習和深交，哪些人要保持距離，但是永遠不會交惡。這是非常有功力的人際關係哲學，也難怪她是「公關溫拿」。

我覺得這本書對於初入職場的年輕朋友，可以有「新生訓練」的心理建設作用；對於身處職場多年的成熟朋友，可以驗證自己有沒有被職場操到喪失初衷。我希望不論職場多麼複雜，所有人都能把持方向走完自己的職場生涯，讓我們社會的職場文化愈來愈優質。相對於國際，臺灣或許薪資水準不高，但我期盼臺灣是職場文化最優的地方。

善科教育基金會董事長、前行政院院長／張善政

FOREWORD

推薦序——最珍貴的禮物

蜜橦（Winner）是我牧區的姐妹，四年前來到我們教會。她工作能力強、精明幹練，在職場上更是小有名氣的人物。然而，外表的風光與成功無法掩飾在職場上所承受的壓力，位置爬得愈高，愈不容許犯錯的機會，每個決定都非常需要智慧。

身為她的牧者，最令我感動的是，每當她遇到瓶頸和難處時，總是願意讓神的話成為幫助，用神的話面對職場各種大小事和眉眉角角，用神的法則決定許多待人處事的方法。如果說蜜橦能走到今天到底做對了什麼，我想就是，比起自己橫衝直撞、白走許多冤枉路，她選擇讓上帝掌管她的職場生涯，讓上帝當她的人生導演。

而《工作就是在打怪》正是一本讓你的職場生涯少走冤枉路的好書。書中四十八則血淋淋的真實故事，是蜜橦過往寶貴的經歷與在神面前的反省。如果你期待自己未來能成為被老闆稱讚的好幕僚、能成為即使受到逼迫依然不放棄的好員工，甚至你胸懷大志想要成為員工們尊敬愛戴的好老闆，這本書會給你莫大的幫助！

此外，蜜種是個在神面前、在人面前都非常真實的人。她真實地愛、真實地生氣、真實地犯錯、真實地悔改、真實地替人著想，甚至也真實地罵髒話，不論對前老闆、對前同事，或對過去和現在周圍的朋友，都是如此。尤其在這個時代，人人誤以為必須戴著面具才能生存，害怕別人知道真實的自己，像蜜種這樣的人實在非常寶貴。一個真實的人所寫的真實的書，絕對值得你細細品嘗。

最後，要給每位讀者一份最寶貴的禮物。

我真實經歷了蜜種四年多來生命的改變：從一個住在七坪套房，窮到跪在地上數銅板才能生活的女孩，到現在住在高級地段，沒有負債，而且收入翻倍的溫拿；從一個內在憂鬱痛苦絕望的人，到如今能活在神美好的計畫中。蜜種的神，不僅祝福她的外在更風光、更令人稱羨，也祝福她的內在更剛強、更富足。

蜜種的神，就是那位愛你的上帝，祂愛你，並且無條件地愛你，期待你在閱讀這本書的旅程中能一同體悟上帝的美好，讓上帝成為你的人生導演，你會經歷人生全方位的成功！

江子翠行道會傳道／蔡湘文

FOREWORD

推薦序——創業更像在打怪：別忘了任務初心

網勁科技於二〇一二年接受東森集團收購，二〇一四年受命驟然停業後，留在我書房的，除了這十五年所有創業軌跡的數位備份之外，只剩下厚厚一疊媒體報導紀錄，在網站下線瞬即褪色的網路產業史，偶爾從Google的茫茫資料庫泛出一點昨日光芒。而這些曾為網勁科技帶來扎實產業地位的媒體足跡，有許多來自本書作者Winner的貢獻和參與。Winner老是稱我是她的公關老師，不如說當年的網勁因為有她的努力，在媒體與政府部門間仍有一份清譽和地位。

作為一個拙於募資的網路產業創業者，在初始的從零到一期間，自然完全沒有經費可以下廣告。在這個階段，「行銷公關」（Marcom）是新創公司必須學會的生存技能，用得好用得勤勞，可以藉由一篇篇的媒體報導，做出更勝於下廣告買版面的曝光價值，甚至透過媒體的鍵盤打造出更客觀的企業評價。

然而，公關並非吃飯拉關係，也不是疲勞轟炸。行銷公關需要有好產品做砲彈、有好亮點做火藥、有貼心的公關操作當引信，更要有長期經營的正直心態為基座。記者朋友也是職場工作者，他們並非得生產出博得觀眾眼球的報導才能對主編和讀者交代，媒體不是企業宣傳的工具，了解這個本質，才是行銷公關正確的第一步。

創業又何嘗不是如此呢？創業的「初心」是為了解決目標客戶的問題，透過提供具體的價值主張來獲得營收與利潤，至於財務自由、股票上市，甚至改變世界，都是解決客戶問題之後才可能拿到的獎盃。創業的過程有太多的困難要解決、有太多的怪要打，舉凡資金、人事、產品、市場、股東……都有無數的大Boss擋在前面，如果沒有時時提醒自己這個初心，創業可是件痛苦不堪的事情，更不要說走到斜槓創業者這條路，斜了多少槓，痛苦就有多少倍。

不論創業、職場生活，或扮演企業公關的角色，初心就像是回血的藥劑，遇到大魔王卡關的時候，回想一下走上這條路的初衷是否還存在追求的價值。如果還在就不要輕言放棄，發揮最大能力把關卡破了贏取獎賞。如果路走偏了，像公司產品不值得行銷、工作無法帶來未來，甚至已經背離初衷，其實也沒有非撐住不可的必要，三條命用完換個遊戲繼續再戰，也是一種人生體會。至少要有領悟，不管玩哪個人生遊戲，總是有無數的怪等著你去打，不然這遊戲還有樂趣嗎？

最後，期盼不管在創業路上或職涯路上的你，都有正直的心、樂觀的態度、熱情的動力、冷靜的判斷、善良的行動，去面對路上每一個挑戰，拿到每一個獎盃。

資深網路連續創業者／游士逸
（曾任網勁科技執行長、淘寶臺灣館總經理；目前擔任融合風創總經理，提供企業數位策略與新創輔導顧問服務）

PREFACE

自序

工作就是在打怪

——用公關心法，打通你的職場任督二脈！

PREFACE
自序

職場生活，占據我們人生絕大部分的時間。你一生中花費在工作上的時間，一定比讀書或跟家人相處的時間更多。不得不說，職場旅程中的每一步，都像打電動破關的心境，若這一關沒打過，就無法晉級到下一關去打更大的怪獸。這些職場怪獸可能是霸凌你的同事、難搞的客戶、不給預算卻要你包山包海包業績的上司，或是你想都想不到的職場問題，而更有可能的是，最大的職場怪獸其實就是你自己。

我是Winner（王蜜穜），來自臺南鄉下。高中畢業，媽媽給了我六千元，我一人北上發展，從電視臺助理、總機小姐，一路爬到臺灣第一大集團關係企業公關發言人，累積近二十年的職場經歷。我當過電視節目企畫、專題記者、品牌公關；做過大大小小的活動、擔任記者會主持人、上過紅極一時的電視節目；參與許多科技類型公益組織，擔任指導老師志工；於中華民國青年創業總會和多所大學教了十多年的書。這些歷程成就了我的堅強、智慧、臨危不亂的穩定度。

每次經歷打怪破關之後，我都會將這些故事一個個寫下來，希望能成為未來的自己或他人獲得祝福的見證。一篇真正帶出影響力的文章，往往都是真實的經歷。這些經歷的絕大多數，都是極大苦難所帶來的學習。職場生活，常常是讓人生經歷苦難的戰場，但苦難絕對不是目的，如何突破苦難才是目的。

二〇〇六年八月，我接下網勁科技的品牌公關一職，負責操作淘寶臺灣館的品牌任務。在職期間，要時常往返淘寶總部杭州與臺北兩地，網勁科技執行長游士逸先生，可說是我最重要的職場恩師。而淘寶創辦人馬雲先生提倡的「倒立哲學」，也深刻影響我的人生觀與處世原則：

「用倒立的思維探討每一件事——不是把你自己想做的推給市場，而是倒過來思考市場需要什麼，而你能夠提供什麼樣的服務來幫助這個世界變得更好。」

這段話多年來始終烙印在我的心中。借力使力、互助互利的思維，使我在推動淘寶臺灣館品牌的五年中，替公司創造數千次的新聞露出，建立淘寶在臺灣的品牌知名度，讓臺灣數百家品牌供貨商在中國打造亮眼的商業成績。

二〇一二年，獲業界長輩邀請，我進入新創公司彩虹天堂傳播（現為上行娛樂）負責公司營運，跨界投入流行娛樂產業，增進品牌操作的視野。為期一年半的經營過程中，我背負公司整體營收，負責獲利模式規畫與藝人品牌布局。這個經驗使我懂得用企業經營者的角度看事情，體會創業家的心境，獲得更大的學習與歷練。

離開了如同半創業般的彩虹天堂負責人工作後，二〇一四年，我再次回到我最愛的科技產業，從時間軸科技、瘋狂賣客，到鴻海旗下的富盈數據，都擔任企業發言人，為手上的每個品牌打造出色的媒體曝光和知名度。

二〇一七年，因著所屬企業的支持，我推動臺灣部落客協會的成立，開始接觸許多政府官員。那段時間，經常與前行政院院長張善政先生、臺北市市長柯文哲先生合作，宣傳許多公益活動。在他們身邊，我不僅學會服侍政治人物的方法，更學習大人物們對人生、對處事的判斷標準。特別是張善政先生，這位幾乎沒有任何長官架子的長輩，時常給予我許多提醒，令我的職場生涯有很大的進步和成長。

近年來由於展開斜槓生涯，擔任公關顧問工作，我經歷了彷彿開立個人公司的創業生活，更體會到自律和時間管理的重要。我曾經同時擁有六個品牌，早晨起來會一下子搞不清楚今天要去哪家公司。這段歷程使我練就出一套心法，明白自己的核心價值和大老闆是誰，才有辦法同時服務那麼多的品牌而不錯亂。

這本書來自我在職場二十年所經歷的成功、失敗，以及突破難關的過程，滿載四十八個真實故事與血淋淋的關鍵心法。第一章〈職場僕人心法〉帶你練就向上管理、異業合作、強大人脈經營、提案必勝的本領。第二章〈職場打怪心法〉教會你，當面對吃飽太閒霸凌你的壞同事、搶鎂光燈的前輩，以及網路酸民的謾罵等各種職場怪獸，如何一一克服。第三章〈斜槓鍊金心法〉講述斜槓工作者如何具備自我管理與精準溝通的能力。第四章〈職場王子心法〉透過十一位職場王子的成功故事，學習如何成為具備高度影響力的真王子。最後一章〈公關實作心法〉則是關於我十七年來操作品牌的實戰課。

我覺得我的人生就像是一部充滿「神蹟」的小說，面對無數未知與挑戰的職場生涯，因為閱讀一本世界上最有智慧的書，總能在關鍵時刻「神來一筆」敲醒我，帶領我突破困境，也讓我察覺，歷史的重演總是奇蹟般的相似。在生活、職場遭遇的問題，或身邊許多大人物的成功特質，竟都能從這本千年經典中找到答案。因此，我把與每個怪獸對打的過程中，如何透過這本經典所帶給我的關鍵心法翻譯出來，希望藉由每則真實故事與當下那句箴言所帶給我的見證，讓你在遇到相似情況時，也能成為你的幫助。

但願這本書中每一篇真實故事主人翁的經歷，對於處於任何階段的你——不論遇見職場怪獸、遇到不公平的文化、遭受霸凌而走不出來，又或者正面臨轉換跑道，都能成為你在關鍵時刻突破的錦囊妙計，讓你成為更強大的人。一旦你在關鍵時刻的選擇與判斷愈正確，你的打怪之路會愈順利，旅途中伴你一同打怪的貴人們也將一個個出現，助你完成破關之路。

公關溫拿（Winner）

CONTENT

目次

工作就是在打怪

——用公關心法，打通你的職場任督二脈！

CONTENT 目次

CHAPTER 2

第2章 職場打怪心法——關關難過關關過

【討厭的人事物篇】

CHAPTER 4

第4章 職場王子心法——洞察貴人的模樣，成為真正的王子

CHAPTER 5

第5章 公關實作心法——任何領域都適用！

ENDING

CHAPTER

第 1 章

職場僕人心法

——練就向上管理與對外管理的本事

STORY 1

伺候人大學問：淘寶老闆寄來的感謝信

「如果這是你這輩子唯一一次服務對方的機會，你能讓對方留下什麼樣的記憶？」

「謝謝妳這週的安排，讓我對臺灣留下極美好的印象。若妳有機會到杭州來，一定要跟我聯繫，換我們來招待妳。」逍遙子（本名張勇）於二〇〇九年炫風式訪臺，這是他回中國前發給我的e-mail，至今我都格外紀念這封信。當時他擔任淘寶商城總經理，現為阿里巴巴集團第三任CEO。

某天上午，我和祕書收到一項任務：下星期要接待一位淘寶高層，安排他訪臺一週的參訪活動與媒體接見。而我們的KPI是：讓對方開心。於是我們展開地毯式的資訊蒐集：與老闆祕書聯繫，確認所有行程；聊聊老闆抽什麼品牌的香菸、吃不吃牛肉、有沒有吃辣；老闆太太的喜好、小孩的年齡與性別；甚至是老闆上KTV喜歡點誰的歌……全都在我們的筆記裡。很變態嗎？不，其實許多讓人感到暖心的關鍵，都在於功課是否做足而已。你怎麼確定，老闆們酒足飯飽後會不會突然想去唱KTV，而到了包廂，你點了他最愛的張學友，那麼一切都會「剛好」令他很滿意。

服務到人的心坎裡是什麼概念？對我而言就是，**滿足對方「沒說出口」的需求**。例如在飯桌上，客人隨口提道：「出國前太太嚷著臺灣迪化街的薏仁粉美白特好！」一回到飯店，發現禮物已經放在房裡。又比如媒體採訪時，客人喜歡攝影師拍的形象照，下了通告我們馬上拜託攝影師，將照片洗出來當作送給客人的紀念品。

不到七天的炫風式訪臺好像打仗一樣，我們竭盡心力地接待他，因為這可能是唯一一次服務這位客人。或許在未來的某一天，他早已忘記了我們的臉孔，但願能記得臺灣的朋友在公關上總是做好做滿。

這不是特殊案例，其實當你可以用這個標準對待每位客戶，他就不會只是一次性的客人，而會成為你長遠的朋友。從事企業公關的我，接待高官是偶有的任務，平時最重要的客戶就是記者。許多人認為記者難懂、很兇、性急、沒禮貌……大家都害怕記者，覺得打電話過去不是被罵就是被掛電話，但其實只是不夠了解他們而已。

假設今天要發稿給一位記者，得先準備好他昨天訪了什麼、他的採訪風格如何。記者們天天跟時間打仗：邀訪不成就掉新聞，補一則YouTube又被罵無腦；寒流來要找暖物，畢業季要談求職，假日要訪眾人何處去；從約好訪問時間到回電視臺做18：00只有兩個鐘頭。而你可以做的，就是幫他將訪談主題、內容、畫面、商品全都準備好，讓他可以快速完成，趕緊走人。而他會對你留下深刻印象，下次知道什麼新聞可以找你。

小原理，大運用。**如果你常思考的是如何賣掉你的商品，那很好；但如果你常思考的是如何滿足客戶的需求，那更好。**若你時不時將對方的困難放在自己的待辦事項裡，會愈來愈懂得如何給予對方適切的協助和服務。這位頭號客戶一旦成為你的朋友，還會為你帶來第二個、第三個……第N個客戶，因為他記得：

「這個人能解決我的困難！」

最後說穿了，你自己就是這個商品或服務的公關專員。讓客戶知道什麼問題可以找你，就是成功做出差異化的第一步。而這個道理，小至個人和朋友圈、中至客戶和廠商、大至企業和整體環境，統統適用。如今，你也知道如何把公關處理得更好了。

《聖經》經文——Holy Bible

「不要只在眼前事奉，像是討人喜歡的，要像基督的僕人，從心裡遵行神的旨意，甘心事奉，好像服事主，不像服事人。」（〈以弗所書〉6：6～7）

職場僕人心法——Mindset

做自己的公關！面對老闆、客戶、廠商等所有商業往來的對象，把自己當作「僕人」般地服務他們，將對方說的每一句話當作重要功課，將對方的困難放在自己的待辦事項，給予適切的協助。於是，他會開始成為你的朋友，為你引薦更多機會，因為他始終記得：「你能解決我的困難！」

STORY 2 轉職保送金牌：前老闆的推薦

某天中午，與朋友相約吃午飯時，正好在餐廳遇到一位同業的大老闆，我曾在雜誌和電視上看過那位企業家，但見面倒是第一次。交換名片之後，對方恍然大悟地說：

「原來妳就是某某某啊！我早在幾年前妳要離開C公司時，聽妳前老闆提過妳了！來來來，坐下來一起用餐吧！擇期不如撞日，今天我請客，大夥一塊吃頓飯。」

除了受寵若驚之外，也不禁想念起我那位如兄如父的前老闆。感謝他的抬舉，讓我意外獲得這頓天上掉下來的大餐。當然，這不只是一頓飯的好處而已，同時也是在許多事上留一線給人探聽，為自己開一條路走的「日常保健」。

現在的世代，凡離職就要幹譙前公司、罵翻前老闆，似乎是每個負氣職員的必經之路。不論是意外被開除，或是自己不爽提離職，臨行前後罵個片甲不留好像就是通體舒暢、神清氣爽的不二法門。

會有這樣的情緒我完全可以理解，但是，到哪裡工作沒有委屈呢？每個地方多多少少都有些不可理喻的難堪。但幹譙這件事，特別是在企業公關身上是做不得的。某種程度上，企業的品牌公關就是公司的對外代表，只要你在那間公司待著，等於代表那個企業，而你對品牌的信賴和忠誠度，就是影響他人是否要信賴你的品牌的關鍵因素。

可能有人會說：「那就離職了再幹譙，反正離職後老死不相往來，也不需要口下留情了吧？」坦白說，也不行。在職的那幾年，所操作過的新聞、賣出去的產品，以及許多的發言，都是有跡可循的，**何苦在離職後否定過去自己曾認真推廣的一切，轉而攻擊自己也參與其中的「曾經」呢？**

這是一件雙面刃的事情，你有多少抱怨，就反映出你過去的發言、所有的推廣，有多麼不可信。這樣的你到了下個品牌或其他地方，開始要東山再起時，該如何教人相信？當下信誓旦旦的推薦，其中懷抱著多少的虛假？

抱怨人人都會，但如果抱怨可以讓一根白頭髮變黑、禿頭可以生出頭髮，那我會鼓勵你多罵點。假若不能，不如把時間拿去睡覺或大吃發洩，都比幹譙前公司來得好一點。每個你以為可以洩憤的當下都會留下軌跡，縱然你有把人「從人間道罵到畜生道」的本領，自以為可以攔阻一些能人異士到前公司服務，讓它江郎才盡，甚至某天倒閉，然而我還是要規勸一句話：

「這個地球從來沒有少了誰就無法轉動的道理。」

你的「前任」不會因為你的三言兩語就窒礙難行，當然你可能會造成對方短暫的恐懼，基於不想在你離開後被鞭屍而給你三分顏色，但心裡絕對不會認同你。

品牌公關的年資其實不會太短，一個品牌無法只花個幾天就打造起來。我在幾家企業任職品牌公關，最長七年，最短至少三年。品牌操作是一條長遠的路，需要許多累積和持續曝光，才有辦法做到一定程度的效果。如果你不想讓自己成為幹譙王，奉勸你在一家公司先待個半年，發現實在不合就趕緊尋找下個頭家，別把自己留來留去留成仇。

「食君之祿，擔君之憂」這句老掉牙的古話，可能會笑掉許多年輕人的大牙。一定很多人會說：「我都不在職了，前公司的事情干我屁事啊？」你說的也是有道理，不過，在人脈至上的公關工作中，真的不可以。

我服務淘寶臺灣館多年，離職後的三年內還是不停接到許多記者的來電，詢問淘寶相關新聞需求。當然，我可以簡單一句告訴對方我已離職，也不知誰來接手，然後掛掉電話。但是，如果可以再多做一步，就幫幫那名記者，找到現在的負責人，甚至與前老闆聯繫，告知某位媒體朋友的採訪需求，並協助他們搭上線，那麼這份關係就會持續維繫著。與「前任」始終宛若父女的關鍵法則，最珍貴的就是你多做的這一步、這一分鐘。**前老闆確實已經是你的過去式，但他不見得不會是你的未來。**

「我跟葉老闆吃飯的時候聽他講過妳啊，說妳以前在他公司做公關的時候，他連買衣服的錢都省了，因為妳連他上電視要穿的衣服都有辦法拉贊助！」

這是我在某家企業面試時，對方老闆告訴我的一番話。我找工作時不會攜帶履歷，也沒有做提案簡報，因為對方對我的了解是：**「妳的前老闆說……」這就是最強大的履歷。**

不要做一個讓人害怕、離職時會把對方傷到體無完膚的大喇叭；如果可以，做一個令人放心、不論走到哪裡都不會在背地裡傷害對方的「好前任」。這對你的未來，絕對是遼闊而充滿希望的累積。

《聖經》經文——Holy Bible

「主人說：好，你這又良善又忠心的僕人，你在不多的事上有忠心，我要把許多事派給你管理，可以進來享受你主人的快樂。」（〈馬太福音〉25：20）

職場升官心法——Mindset

想要轉職轉得更好、職涯走得更順遂、被老闆看見而獲得提拔，「你前老闆說……」是最強大的保證！在職場上切勿當「幹譙王」，做一個不會傷害老闆的「好前任」，對未來生涯絕對是加分。轉職的關鍵常常來自於在職時的表現，不論下一個工作想換到哪，都必須在上一份工作維持住自己的品格與責任，絕不把「現任」當跳板，而是在任何環境中都無愧於心，展現出最好的自己。

STORY 3

做奴才界的神：做到「太監長」，你以為那麼容易!?

「每個老闆都是企業的天險！」

「每個老闆的內心都有一個兒童，而且是低能的那種……」

「你知道嗎？我的手機只要發出響聲，不用看就知道一定是我老闆來訊，恁爸都快躁鬱症了!!」

對於我們這種如同「太監長」的職位，所謂的上班，基本上就是「做老闆想做的事」。

然而老闆要的是什麼，你都清楚嗎？或者他自己清楚嗎？

從事企業公關至今十七年（我的媽呀），我的工作基本上就如同《後宮甄嬛傳》裡皇帝爺身邊的蘇培盛公公。想勝任這個職位，腰桿要柔軟，身段要靈巧，還要適時做球給老闆得榮耀，幫忙想些鬼點子然後說：「都是老闆教得好！」在外人看來，會認為公關就是個皇帝身邊的狗奴才，成天跟著皇帝爺遊走天下、吃香喝辣，然而箇中心酸卻無人知曉。而且，這也是個動輒得咎的工作，隨便一個失誤都可能會被砍頭，因此，如何「向上管理」是非常重要的本領。

企業公關發言人，多半會同時兼任董事長祕書或特助之類的工作，是個與老闆非常親近的位置，最常看到主子的悲歡痛苦、喜怒哀樂，當然也可能知道一些不為人知的「垃圾事」。但是，「保護至上」的原則一定要常放心中，「領袖被攻擊，團隊就散去」是千古不變的道理。打擊一個企業，最快的方法就是攻擊領導人。當群龍無首、兵荒馬亂，就是敵軍進攻的最佳時機。

我和每一位老闆的關係，基本上都維持得像兄妹。十年前當我老闆的那位大哥，後來結婚還不忘叫我去當婚禮顧問和主持人。其實，**要與老闆關係好，很重要的原則就是「保護」**。老闆們通常非常焦慮、脆弱、無助，因為要決定的事情太多，而做幕僚的我們除了順服之外，更要帶來「祝福」：

「沒關係，我們可以度過的！」

像這樣，老闆慌亂時平撫他的情緒，讓他心安神泰，是公關很重要的任務。

另一個層面的保護就是，絕對不外露老闆的私事。或許你覺得很難，畢竟人難免會在下班後跟朋友哭爸一下老闆實在很賤、自己有多麼可憐，但講到這裡就好了，其他不要多說。老闆機車，是自古以來的常態，但細節絕不對外人言，特別是老闆的私事、商業原則、決策習慣，不要讓人有機會知道。縱使哪天離職，也請抱著「那個人」是我娘家大哥般的情懷去保護他，就算現在沒拿他發的薪水，但想想他也曾養你多年，這份情還是要記在心上。

除此之外，與老闆溝通時，我很常問一句話：

「你要什麼？請老實具體地告訴我。」

有時候老闆可能害羞，也可能自己沒想清楚，而這麼一問，可以幫助他整理初衷，也引導他說出最真實的心底話。如同腦力激盪的過程，在一來一往的問答中，有時會意外拋出一些很棒的點子。

前面也提到，向上管理除了順服之外，更要帶來祝福。老闆發布一個命令時，建議先用完全的大愛接納他天馬行空（胡說八道）的想法，真誠地傾聽，點頭如搗蒜，聽完後給予肯定和認同的力量。然後，以達成他想要的藍圖為目標，耐心整理他的計畫，運用自己的專業分析，再以保護與珍惜的立場向他說真話，不要害怕諫言。最重要的是讓老闆知道，如果他「決定了」這樣做，那就努力往這個目標前進。即使老闆的決定和我們的意見相左，**通常計畫GG了，對外要面對最大輿論攻擊的也是老闆。**不管他如何發脾氣哭爸你，他依舊是壓力最大的那個人。身為幕僚的我們能夠給他的最強力量就是：「縱使失敗了，我們會陪你一起扛！」

身為一個「太監長」，很需要練就向上管理的能力，並成為領導人和夥伴們溝通的橋梁與後盾，當然委屈不會少，有時也必須出來擋子彈，但是切記，**求職之前停看聽，上任以後吞下去。**選公司或選老闆，其品格最重要，倘若你已決定要跟隨，那麼忠誠是絕對的。

《聖經》經文——Holy Bible

「學生不能高過先生，僕人不能高過主人。」（〈馬太福音〉10：24）

職場僕人心法——Mindset

身為受雇者，無論什麼職務，都要練就向上管理的能力。當你判斷這位老闆有好人品，並決定要跟隨他，就請保護這位高高在上的「主子」，做個「好奴才」。這個世界上，不可能有一百分的老闆，但是你可以有一百分的對策。每位老闆都有不同性格，我們不可能用同一種策略應付不同類型的老闆，用心觀察、找到需要，並且滿足，只要老闆提出的要求並非犯法或有違真理，順服其實是蒙福的管道。

STORY

4

權柄是神所賜：別以為老闆沒你會死

許多時候，我們會討論職場上到底能不能讓非專業者來領導專業人士，或者讓外行帶領內行？到底當一個老闆，是不是要各方面都在行才能擔任老闆呢？

這一點我想並非絕對，每個人各有優點和特長：有領袖特質的人未必擁有強大的執行力；很會執行的幕僚通常有順服的特質，但大多沒有太果斷的決策力。一個團隊中，絕不會都是同一種類型的人。一個融洽且健康的團隊，一定由許多不同類型的人組成，就如肢體的概念：有的人擔任眼睛，有的人扮演耳朵，有的人是手，有的人是腳。如果整個團隊都是眼睛或嘴巴，而沒有手和腳，那這個團隊還算健康嗎？

前些日子，一位企業主朋友在工作上被狠狠重擊了一番。這位朋友是一家行銷公司的老闆，一直以來十分信任他的營運長，幾乎把管理和經營全權交給他，自己則專注於籌募資金和撰寫提案。其實能有這樣的老闆，對於幕僚而言十分不錯，因為能夠獲得完全的信任，也可以大展長才。但對老闆來說，這樣的工作模式有個前提：員工必須通過忠誠與品格的考驗。

職場上很忌諱一種狀況，就是恃寵而驕。**當你開始有一種自我感覺良好到極限的驕傲，通常也是滅亡的前兆。**這個營運長被充分授權之後，開始出現一些大不敬的行徑和心態：

1. **瞧不起老闆：**認為老闆無能，所以公司什麼都要靠他。
2. **員工結黨成派：**公司內部興起兩派人馬——忠誠於老闆 vs. 倒戈挺營運長。
3. **老闆沒有自己會死：**以為職員、客戶、相關資源都掌握在他手上。
4. **頤指氣使：**對所有同事、夥伴都用上對下的溝通模式。

這樣的驕傲愈放大，對老闆的態度也就愈不客氣，隻手遮天以為所有主權都操之在己。但這個人似乎忘了，老闆給予的信任和方便，不是用來讓自己被倒戈，而是需要分工來將事業版圖愈做愈大。他不僅搞錯方向，還興起底下的人在內部搞分化，讓老闆無法管理。他以為老闆束手無策，可以將他挾持，然後得到更多錢和權限。

很遺憾的是，這個地球從來沒有少了誰就無法轉動的道理。幾個星期之後，十五人的團隊全部消失了。短暫陣痛絕對是有的，老闆需要從頭開始找人，自己去了解每一個環節，但也正因如此，再也沒有人騙得了他，他完全了解所有操作細節，未來再也沒有人能挾持他。這是一個血淋淋的真實故事，但這樣的故事絕不是單一事件，每天都在許多公司不斷上演著。

「我是請你來糾正我，證明我的判斷是錯的嗎？」

當然不是，而是幫補。

我是企業公關，你覺得老闆都認識我手上的每位記者嗎？老闆一定要會寫新聞稿，能自己導演記者會，我才順服他嗎？這是不可能的，我並不是在公關公司上班，我是在企業內部擔任公關，因此公關的工作就是用專業的經驗和判斷去告訴老闆，如何將他的藍圖包裝得更美好、更精確，而且讓社會大眾認識，媒體也渴望報導，最後，「榮耀歸老闆」。

你以為別人不知道是你操作的嗎？你怕旁邊的人不曉得媒體關係都是你在經營的嗎？不會的，但是有一點很關鍵：**如果你不在這家公司，你的聰明才幹根本沒有舞臺，試問你在驕傲什麼？當然是榮耀歸老闆。**不論老闆的決定是什麼，都要讓他的決定成為最正確的決定——這是職場上的一大重點。

一個有智慧的幕僚，需要懂得向上管理，完整聽懂老闆的想法，並用市場角度提供最客觀的包裝方式，幫助他的決定做出最完美的演繹。驕兵必敗。這篇不僅寫給我自己，也與每位閱讀本書的你共勉之。

《聖經》經文——Holy Bible

「在上有權柄的，人人當順服他，因為沒有權柄不是出於神的，凡掌權的都是神所命的。」（〈羅馬書〉13：1）

職場僕人心法——Mindset

身為有智慧的員工，就是根據自己的專業為老闆的藍圖給予協助並且執行，即使老闆最後的決定與自己期待的不同，都要讓他的決定成為最正確的決定。自視甚高、頤指氣使，就是走上自我毀滅之道。唯有謙卑做事、昂首做人，才是職場上得勝的硬道理。

STORY

5

谷歌裡的臥底：善用科技，與媒體的關係甜如初戀

我的職場經驗中，有一個從蒐集記者名單而意外衍生出來的收穫——**「觀察」能帶出「關心」，而「關心」又能建立「關係」**。這是怎麼回事呢？就我的工作內容，每天早晨都要大量讀新聞，除了看看產業中有哪些新事之外，也要觀察哪些記者跑了哪個新聞，進而建立媒體名單。其中一個我會大量使用的行銷工具，就是「Google快訊」，只要訂閱某些關鍵字，快訊每天會將新聞中藏有該字詞的報導整包發給你，以便閱讀。

每當我收到新聞，看到主跑新聞的負責人是相熟的記者，我便會透過通訊軟體問候對方：「典哥辛苦啊，看您昨天在花蓮，情況還好嗎？」「小蝶還在災區嗎？要注意安全喔！」雖然只要按時觀看新聞就可以知道他們在幹什麼，但畢竟我無法同時關注那麼多家媒體。而這樣的即時問候帶給記者的感受就是，我非常關注他。

經營媒體關係，就是我的主要工作，記者正是我的「服侍對象」、我的「客戶」。首先，我必須了解他的需求和業績，才有辦法「對症下藥」去服務。記者並不是隨時遇到某個題材就能馬上找到受訪者，許多突如其來的事件跟他主跑的領域根本無關。例如前陣子，記者每天都在跑新冠肺炎（COVID-19）的疫情新聞，要報導不斷上升的確診人數，要發現疫情底下發展出的新事，這就是他們需要的題材。從疫情爆發起的三個月以來，我做了大概十個平衡報導的新聞。我手上的客戶有醫師，有App防疫系統開發者，還有線上教學的業者，他們都在這波疫情中看見不同的商機與市場狀態。而我為什麼能夠那麼即時供應大量的新聞素材給記者朋友呢？因為，我每天都在關注「他」。

近幾年來，我使用快訊訂閱的關鍵字，已經從事件、產業，進展到我主要服務的幾位記者大名，比如三立新聞的李〇典記者、TVBS新聞的〇元利記者，都是我所訂閱的關鍵字。只要該記者刊登新聞，我就能第一時間收到他們的第一手消息，然後詢問是否需要幫忙。

多年前，我曾經收到一則新聞推播，題目是「知名外商公關公司員工過勞死」。這樣的新聞發布了會怎樣？社會上肯定一片譁然，或許大眾會覺得，千萬不要去當公關，免得過勞死。但其實公關有許多種，也有像我這種企業公關，屬於正常上下班。收到這則新聞，我立刻想到一位記者好友可能需要幫助。就我觀察，此新聞當中並沒有訪問到事發的公關公司，因此我推斷：

1．發生事件的公關公司可能不願意受訪。
2．當事人已經死亡，無法分享自己如何過勞。
3．這位記者一定找不到一個「活著」的公關願意受訪，因為其所屬公司不會同意。

那我的記者怎麼辦？他的任務如果是長官交辦，勢必要在這條新聞上找出亮點和畫面。而我就公關的角度來考量，不該讓「公關」兩個字成為過勞死的代名詞。於是我徵求當時的老闆同意後，主動發了訊息給那位記者朋友：「我看到你正在跑公關過勞死的新聞，如果你需要幫忙或找人受訪，隨時打給我。」果然，我在一分鐘之內接到記者朋友的來電，三十分鐘之後見到他，當天晚上18：00我在新聞臺看到自己。許多次，我能成功登上新聞版面，都必須歸功於這些科技工具的提醒。

這樣的故事在我的資料庫裡其實有數百個，我的處理重點都一樣：

1．發現一則新聞事件（記者的採訪需求、民眾對於事件的知的權利）。

2．我心中有個反面論述，可以平衡該話題一面倒的風波。

3．掌握具體的數據、畫面，以及側面觀察的統計，可以解釋該事件。

4．即時提供記者所需要的幫助。

其實我認為，**要在工作中做出差異化，「雞婆」十分重要**。這個雞婆不是從自己的角度去思考，而是在觀察與關心當中，生出智慧的果子，去對症下藥。

我們不是上帝，隨時給予他人適切的協助，肯定有些困難，但是可以在力所能及的協助上，多一點用心，多一份關心。雖說與記者經營好關係本來就是我的工作職責，但除了商業往來，更要讓他們在碰到困難時會想到：找溫哥就能解決！這就是個人品牌的亮點。善用科技並且用心經營，能讓你與媒體的關係總是「甜如初戀」。

《聖經》經文——Holy Bible

「個人不要單顧自己的事，也要顧別人的事。你們當以基督的心為心。」（〈腓立比書〉2：4～5）

職場人脈心法——Mindset

一份能帶出差異化的服侍，往往都加入感性的元素，比方說那份幫助來得很及時，比方說那份關心令人覺得「你怎麼那麼了解我的困難」。在職場上，擁有出色表現的人，其所做的工作未必只有他一個人會，即使他從事著人人都在做的事，但他做起來就是會帶給人一份安穩、一種被理解的感受。如同本書後面章節會提到的方志男醫師，他看診時，除了給予病患身體的醫治，也照顧病人的心靈，讓對方感受到：有人理解我心裡的苦。所以很多病人會再去找他看診，並且介紹其他病人去。

這其中的奧妙，只是多加了一帖藥，而那帖藥的名稱，就是「愛」。

STORY

6

必成的企畫案：利他利他，想的念的都是他

「在我沒有難成的事！」

這句猖狂的話，為我帶來幾回免費海外機票和住宿。這是我在人力銀行自傳裡的第一句自我介紹，倒不是說我有多能幹多驕傲，而是這樣誇口的背後，需要使命必達的心。

某一年，我接到一通來自四川的電話，一位在中國經營連鎖餐飲業的臺商，邀請我到成都面試一份華中區行銷長的職務。若接受那份工作，就要管理華中區近百家餐廳，月薪人民幣三萬元（將近新臺幣十五萬元）。不論是當時或是現在，這個薪資水平都相當迷人。我不清楚那位業主在我的履歷中看到哪個點，使他願意花費四川來回機加酒費用，找我去面試。見面當下，他告訴我，就是因為那句「在我沒有難成的事！」加上履歷中某些特殊

鋪陳，讓他想要見見我這個囂張的ㄚ頭。

用文字談判，是追求一份職業、一項合作，或是一個心儀對象時的第一個管道。找工作時寫履歷、提合作案時寫企畫書、追女孩時用LINE打動對方，這些都是文字所帶來的機會。要如何在第一時間透過第一封信就命中紅心，打到對方，進而產生後續的機會，這封信的鋪陳就顯得格外重要。

我自己統計多年來文字談判成功的心法，就是思考以下幾點：

「對方為什麼需要我？」

「我能帶給對方什麼好處？」

「我為什麼做得到？」

「我有什麼籌碼？」

你覺得對方真的很需要知道你是誰嗎？我認為他更想知道：你能為他做什麼？

我在某家電商公司服務期間，紅極一時的綜藝節目是《大學生了沒》。我私心想讓我的兩位品牌創辦人去上那個節目，如果能被陶子姐訪問，我們的品牌一定會更加有名。於是我開始整理我們上過的新聞、賣過多少厲害的商品、有趣的文案，以及業績。然而準備發出去之前，我做了換位思考，開始自問自答：如果我是節目製作人，這些資訊干我屁事？

於是，我重新調整那份企畫，把重點放在對方為什麼需要我們：

1．節目每週播出五集，製作人一年要做兩百多集，一定會遇到想不出哏、腦漿榨乾的時候。
2．節目需要大學生感興趣的議題。
3．節目需要收視率。
4．節目內容需要有趣的畫面鋪陳。

我把對方的需求和我能提供的內容寫在企畫案中的第一項，最下方再加入我們曾經上過的媒體案例。然後我坦然寄出，得失心也沒有一開始重了，因為我把對方所缺乏的與我所能提供的都整理出來。若對方邀請我們去是剛好；若不成功那是對方的損失。果不其然，這樣的提案奏效了，我們很快就接到節目製作單位的邀請，成功上了《大學生了沒》，還有無數個當年紅極一時的綜藝節目。

常有人說：「有關係就沒關係。」強大的人脈能創造許多合作機會，但坦白說我不太認同。我一個南部鄉下小孩，十幾歲北上謀生，哪有什麼人脈？不要說記者，根本不可能認識任何一位政商人士，當然也沒有官爸爸可以當後臺。因此我認為，**「利他」文字談判心法，是比人脈更有用的籌碼**。若更貼切地詮釋「在我沒有難成的事」這句話，應該是：

「在你的需要裡，我沒有不能完成的事。」

關係建立在服務裡，從對方的需求看事情，你會知道如何寫出最貼切的談判必勝提案。

《聖經》經文——Holy Bible

═「與喜樂的人要同樂，與哀哭的人要同哭。」（〈羅馬書〉12：15）

「要彼此同心，不要志氣高大，倒要俯就卑微的人，不要自以為聰明。」（〈羅馬書〉12：16）

職場利他心法——Mindset

文字談判的必勝關鍵，就是徹底從對方的需求切入，清楚統整出「對方所缺乏的」vs.「自己所能提供的」。許多時候，我們能成功拿下一個案子，絕對不是出自於你與對方的私交多好，或是有什麼人脈可以協助疏通，就舉我的例子，一個南部鄉下北上謀生的小姑娘，沒有人脈也沒有後臺，在職場上之所以能夠順利，統統要靠換位思考的策略去溝通。這樣的心法，曾讓我的案子順利進到總統府，進到臺北市政府，也讓我後來與許多政治人物成為好友。

STORY

7

神燈無所不在：做業務，從對的自我介紹練起

如果有一天，你偶然遇到阿拉丁神燈，他要求你立刻在三十秒之內，精準流暢地介紹你的服務或產品，並且讓他感興趣，他就會給你一筆龐大的資金，資助你的事業。那麼，你有辦法不假思索，在三十秒內侃侃而談，有自信地展現出你的優勢，獲得這筆資金嗎？如何老王賣瓜，自賣自誇，卻又合情合理打中對方的需求？

「自我介紹」其實就是做個人品牌的第一步。在有限時間內，精準展現你的優勢，讓對方知道能從你身上獲得幫助，並對你產生好感，建立友善的合作關係。學生時期我們進入校園，第一件要做的事就是自我介紹，透過分享自己來認識彼此，進而找到志同道合的朋友；而出了社會，參加求職面試，主考官也會要求我們自我介紹，透過簡短的說明行銷自己，進而獲得一份夢寐以求的工作。每個人應該都有過這樣的經驗，只是介紹得好與不好

的差別。

但是，就像一開始提到的，如果你偶然遇見一位可以實現你願望的神燈，而他開出的條件就是要你清楚自己的優勢並讓他產生興趣，這樣的自我介紹是否會令你感到壓力，一時之間腦袋一片空白，什麼也說不出來了呢？

是的，這是個「有條件的自我介紹」。而它所帶來的效果，就是讓你成功達標。這關鍵的三十秒可能成為你人生的重要里程碑。這個有條件的自我介紹不是胡謅出來的急就章，而是必須有系統、有邏輯地整理出一套話術。如此一來，無論在任何時候遇見那位神燈，你都能自信滿滿地說出自己的優勢，獲得那筆可以成就未來的資金。你是不是平時就該預備，當機會從天而降，便不會手忙腳亂而失去它。

臺灣人有一個普遍的弱點，就是臉皮薄。在臺下可以講得天花亂墜，侃侃而談；一旦被叫到臺上分享，就什麼也不敢說。相信大多數的人都是這樣，縱然有實力，卻礙於表達能力不足或缺乏信心，於是露出糗態，最後什麼也沒得到，回家後懊惱著：早知道剛剛那樣說就好了……

品牌的最小單位，其實是人。每一家企業或每一項產品，都來自於一個有想法的人創造出一種能滿足這個世界的商品或服務，於是開啟了這項事業。而每一個成功品牌之所以成功，關鍵都來自於一個勇於表達的人，這個人未必有著三寸不爛之舌的好口才，但是他能抓住重點，在合適的時間點精準放送，讓自己有機會被看見，進而產生能見度與商機，展開品牌之路。

每一次我教公關課，課堂上約有二十位學生，我會在一開始請他們起立，用一分鐘介紹自己，但是我不會告訴他們做這件事情有什麼好處。大部分的學生通常會說：

「我叫某某某，是保養品公司的企畫。」

「我是律師。」

他們的介紹總是非常客氣且簡短。但是，如果我把這些介紹改寫如下：

「我是一家保養品公司的企畫，負責產品是二十五歲到四十歲女性使用的保濕面膜，我們製作面膜的原物料來自沖繩深海萃取的褐藻，褐藻精所釋放的保濕效果比玻尿酸高達百倍。」

「我是律師，執業五年。我的專長是協調企業間的商業糾紛、處理網路詐騙。近期我成功打贏一場網路詐騙官司，協助一位受害者要回被盜取的金錢。」

從這兩段不同的自我介紹中，你看見差別了嗎？前者只說明自己的身分或代號；後者卻看見了供需之間的連結性。自我介紹，其實是一個服務與推銷的機會。你不會知道在場是否有人剛好遇到網路詐騙，又或者有位女士正苦惱著乾巴巴的膚質需要保濕良方。就算他們當下沒有需求，但是某些關鍵字已經進入其心中，當有一天需求產生了，他們便會想到你。

進行一輪的自我介紹後，我會隨機抽問學生：剛剛的自我介紹，你記住了幾個？你會和誰交換名片？你會去購買誰的服務？同學於是開始說：「我會去找那位律師。」「我想了解關於保濕面膜的價格。」是的，自我介紹是一個建立自己與他人關係的機會，而這簡短的一分鐘所能帶出的商機是你難以想像的，誰知道在座有沒有創投臥底，正尋找值得投資的商品？或者有位富可敵國的貴婦來上課消磨光陰？當全部的人介紹完自己後，我會告訴大家：今天介紹得最好的人，我會免費替他寫一篇品牌新聞簡介，而我的代筆費用，每篇價值一萬元。

這就是神燈的概念。神燈總是出現得莫名其妙。他可能是與你上同一堂課的隔壁同學，也可能是正在找尋你這種服務的金主，但是，機會就是這樣稍縱即逝。如果你勇於以「服務」他人的熱忱來自我介紹，那麼神燈其實無所不在。

《聖經》經文——Holy Bible

「凡我所行的，都是為福音的緣故，為要與人同得這福音的好處。」（〈歌林多前書〉9：23）

職場僕人心法——Mindset

為你帶來意想不到機運的「神燈」，其實無所不在。你未必要有好口才才能打動神燈，從平時開始訓練勇於表達的自信，培養即時抓住重點與創造供需的能力。每一次的開口都要幫對方畫重點、提示對方認識你可以得到什麼幫助。要讓自己被看見或創造更大的商機，絕不是來自於名片上的頭銜，而是你的能力跟他有什麼關係，這才是說對話的關鍵。

STORY

8

幫忙需要智慧：不背別人的猴子

「溫哥，妳認識那個誰誰嗎？」

我時常收到這樣的詢問。甚至總有朋友半開玩笑地請我在臉書發文找某位名人，因為他們稱我的臉書是尋人查號臺。

由於多年來擔任企業公關，服務許多記者，在國內外各地演講和教書，也參與不少公益活動和社會運動，我的朋友圈十分多元，跨足醫界、商界、政壇、娛樂圈。某次一位朋友發神經，趁我不注意的時候用我的臉書帳號發了一則貼文：「誰有劉以豪的聯絡方式？溫哥找。」不到十分鐘，我的臉書出現許多留言回覆，有人說要給我經紀人的電話，有人說要幫我跟以豪哥拉個ＬＩＮＥ群組，不僅如此，如雪片般飛來的私訊不斷湧入，搞到最後，我只好一個個去道歉。我並非真的有事要找劉以豪，只因為朋友崇拜他，想問要不要一起唱KTV。

這不是笑話，而是真實的事情。當你的影響力和人脈愈豐富，你的行為和發文就要愈謹慎。為何朋友們會在我發文後立即回覆？因為他們對我的認識是：「溫哥可能有案子要發給劉以豪。」「溫哥不會隨便開口求救，如果有這樣的發文，一定是有需求。」所以我的每個求救、任何言語行為，都代表我這個人的品牌形象。「幫忙」這件事情，實在是需要格外小心謹慎。

某次，有個來自學生的請求：「老師的媒體名單可以整份給我嗎？」我的回答是：「給你真心會害死你。」對公關而言，最貴重的就是媒體名單了。我教書多年都會提到：媒體名單蒐集一事，絕對不能假手他人。我的每個媒體名單幾乎都是從「觀察」開始，花幾週的時間觀察我經營的產業線新聞，確定我所要聯繫的記者確實跑我的產業線，才會進到聯繫、發稿、經營關係的階段。因此，建立媒體名單最難的不是擁有記者的聯繫方式，而是我對記者們的長久觀察。向我要媒體名單的人如果落在教育線，卻把新聞稿發給了科技線的記者，不僅沒幫到記者忙，還占了他的信箱容量，同時也壞了我和記者的交情。

許多人以為記者朋友是我的人脈，實則不然，而是我能夠為他們創造什麼價值，如果我手上的新聞和資訊根本不是記者所需要的，那麼我對他們一點幫助都沒有。對於我的學生也是一樣，之所以不能給媒體名單，是因為每個產業記者都不一樣，必須花時間去觀察每位記者的寫稿風格、關注的議題和風向，並不是拿到我的媒體名單就可以升天。如果給你，讓你壞了事，那麼你下地獄的時間只會更快。

某天早晨，我偶然接到某家媒體記者的來電請求，那是二〇二〇總統大選前夕。不得不說，臺灣的媒體的確有些政治色彩（你知道，我知道，獨眼龍也知道），但記者也很無奈，許多記者並沒有特定的政治立場，但由於所屬頻道，不得不將報導內容引導得較偏向本臺色彩。那位打給我的記者屬於「綠營」頻道，她請託我協助溝通，讓她去採訪某位與我熟識的「藍營」參選人，並希望我也能受訪，談談我對該政治人物的看法。

這時候我該怎麼辦？以我多年的公關經驗，難道想像不到該記者很難給這位參選人太好的評價嗎？但我要直接回絕來得罪記者朋友嗎？估計她一定是走投無路，才不直接打到競選總部，而是試圖從我這個外部友人來協調。一邊是德高望重的候選人好友，一邊是相識多年、在大選時期硬被派來支援政治新聞的記者好友，兩邊我都想保護他們的立場，等同於同時「服侍」兩個人，但是這個猴子實在太重，我背不起。於是在那個當下，我做了兩件事：

1. 請記者清楚提供一段個人介紹、一份完整的採訪提綱、拍攝時間、播出頻道，我會協助轉達給候選人與其發言人。
2. 如實告知我當時的老闆，媒體希望我協助安排並受訪，但這並非公司業務項目中的採訪，因此請我的業主裁示，進行最後的定奪。

最後這件事情順利促成了，我將記者整理的採訪邀請發給候選人與其發言人，以及我當時的雇主，將成敗的主權交出去，亦不去控制其結果。

這件事情的過程中，我經歷了幾段拉扯：兩邊我都不想得罪，想給予協助；擔心「綠營」媒體去採訪「藍營」候選人，採訪效果不理想、寫出來的報導會很歪；我幫忙牽這個線會不會連帶被責怪……這些都讓我非常掙扎。然而，我不能替候選人朋友判斷是否要受訪，下判斷是他和幕僚的事，我可以為他做的，就是請媒體將採訪意圖言簡意賅地寫清楚，最後經由我「原封不動」的轉述，讓他們自行判斷。這個猴子我背不了，也無從替對方擔心結果，因為每個人都有各自需要承擔的事。協助傳達，就是在我的底線所能給予的最大幫助了。

遇到別人提出牽線請求時，需要理性判斷，思考幫了這個忙是否對雙方都好？若實在做不到，真誠地當面拒絕，都勝過幫了忙卻背地裡不安的碎碎唸。**面對每一件事都不要背別人的猴子，不要害怕因為沒幫上忙就失去這段關係。**這世上所謂的人脈，是因為「我的被利用價值高」而存在，我所能維繫人脈的最好方法，就是不斷精進自己，提升更多被利用的價值，而不是在任何請求上因為害怕破壞關係而貿然答應。因恐懼所帶來的交換，往往不會是對彼此有益的經營。

《聖經》經文——Holy Bible

＝ 「當面的責備，強如背地的愛情。」（〈箴言〉27：5）

職場僕人心法——Mindset

所謂的人脈，不是他們對你有價值，而是你對他們有價值。同樣的，成功的捷徑不是請誰介紹，或拿到媒體名單、名人電話簿。只有你幫得上的人，才是你的人脈。而維繫人脈這件事，無須因為害怕破局而去背別人的猴子，有智慧地拆解問題的順序，盡人事聽天命，不要控制結局。雙方要不要合作，下判斷是他們的事，不必把自己當作事情成敗的最後導演。我們不是神，不需要每件事情都讓人覺得你好神。

CHAPTER
第 2 章

職場打怪心法
——關關難過關關過

STORY
9
吃飽太閒的同事：關於名牌包的霸凌

你是否曾經遇過這種人：很愛用你身上的行頭來評價你。這樣的事情在職場上經常發生。把自己裝扮得高雅端莊、整齊清潔，的確是基本禮貌，但用身上行頭是否為名牌來評價人，就不是那麼合適了。

從小到大，我沒有名牌迷思，也不太懂那些牌子。早期我在新北市中和一帶上班，公司在偏遠工業區，附近連公車、便利商店都少得可憐。某次，一位從市區來找我的客人打電話問要不要喝路易莎，我還反問那是什麼，真是說多土有多土。幾年後，我有幸進到臺北市市區的公司上班，以為在服裝上規矩端莊的我，卻被某個同事嘲笑：

「妳堂堂一個××集團發言人，身上好歹穿戴些像樣的牌子才能見人，不要讓老闆丟臉，

以為我們公司很蹩腳。」

當下一時半刻，我不知該如何反應，看著那同事身上背了一個LOGO超大、似乎怕人不曉得那是名牌的包包，我都不敢說：「妳那個包好多酒店小姐都在背……」這個世界的確有著這樣的問題：有些人不會聽你說話，也不了解你的能力，總要先看見你的行頭才決定要不要尊重你。

我始終記得當時公司的某個業務同事是外地人，平時吃穿用度十分節省，也不花大錢揮霍，但他駕駛的車是一輛CC數較小的BMW，包包是Gucci，名片夾是萬寶龍。大夥一塊出門吃飯時，他總是點少少的，有吃就好；然而遇到客戶或老闆請吃飯時，倒沒見過他客氣，不但卯起來點餐，剩餘的打包一定是他帶走。後來跟那個同事熟一點才知道，他在臺北的租屋處是靠近墓地的便宜頂樓加蓋房子，為了省一餐飯錢，時常打包大夥外出吃剩的飯菜，而他大部分的收入都要供養那輛看起來豪奢的車與身上的名牌。這樣的他，過得幸福嗎？那看似豪奢的BMW車鑰匙，真的讓他在推銷業務的時候，增加比較多的業績嗎？另一位同事告訴我：

「其實這些東西是他用來壯膽的，帶著這些名牌，比較不會讓人瞧不起。」

而我呢？受到那個嫌我身上沒名牌的同事刺激，再加上當時腦殘不懂事，我購入人生第一個名牌包「愛馬仕」！沒錯，因為生個氣就噴掉幾十萬，真是蠢貨（離職後那個包包就賣掉了）。當時只是想藉此對那個背著YXL的同事說：想要炫富，麻煩買最好的牌子。現在回想起來，那時的自己真是低能又不沉穩。

不過自從這件事情後，我開始背著幾個率性粗布但牌子好的大包，因為材質好，可以用好久。後來，只要跟人聊起買包包這件事，我就會想到那個使我買下人生第一卡名牌包的人，其實我超想跟她說：人的價值從來不是靠著手上提的包包價格，但很謝謝她的啟蒙，讓我認識了許多好牌子，我現在用香奈兒當菜籃，拿Gucci擦鼻涕。貴重的是我，從來不是我的包包。

這件事情讓我學到的是：**緬懷使你上進的人，但不要變成那樣的人；常想著如何成全別人，而不是霸凌別人。**這個世界所追逐的價值觀未必都是對的，唯獨高尚的品格與內心才是上蒼所視為寶貴的。名牌永遠追不完，每一季都會出新款，那到底要賺多少錢才夠呀？

《聖經》經文——Holy Bible

「因為耶和華不像人看人，人是看外貌，耶和華是看內心。」（〈撒母耳記上〉16：7）

職場打怪心法——Mindset

我們時常擔心別人會怎麼看自己，卻鮮少去想上帝會怎麼看自己。這世上的確是有神的，「良心」就是與神連結的關鍵。當我們做了某些不好的事情，即使沒被抓到把柄，夜深人靜時卻難以入睡，這就是良心對自己譴責。為什麼我們老是擔心他人的看法，卻不去擔心神的看法呢？或許你會說：有些人幹了很多壞事，為什麼都沒有報應？說真的，他的報應不干你的事，你也未必在有生之年看見。把自己做好，仰不愧於天，俯不怍於人，這樣最好。

STORY

10

搶鎂光燈的前輩：樹大必有枯枝，人多必有白痴

你的職場生活中，是否曾出現某個想罵他「豬狗不如」的傢伙？那個傢伙，可能是透過分化、利用群體同情去霸凌你的帶頭者，或是總用你絞盡腦汁寫好的提案去騙大老闆說「那是他寫的」的壞主管。到底是怎麼樣的行為，會讓我們惡狠狠地覺得對方猶如畜生？我認為關鍵在於「動機」，當一件事情的出發點是歪斜的，最終所帶出的結果就會使人感到不舒服。

「樹大必有枯枝，人多必有白痴」是早些年在網路上常見的搞笑小語。許多企業由於組織龐大，裡頭難免有些多年不結果子的老枯枝，貪食著大樹的養分而未有產出，園子主人也可能因為旗下樹木太多，未能株株都仔細修剪。這些枯枝是企業裡的毒瘤，通常正經事做得不多，但私下說嘴總少不了他。

偶爾會在網路雞湯文看到類似的論述：真正有本事的人不會在背後酸你，因為他們忙著努力奔跑都來不及了，根本沒時間弄你。雖然總意是叫我們不要去理會那些人，但遇到的時候，還是很想揮拳扁回去。不過，拳頭先慢點揮，其實這樣的事是有解的。

某次小老闆下了指令，要我支援集團內其他關係企業舉辦的新品記者發布會，並擔任記者會主持人。由於那個牌子大，媒體曝光也多，我們公司拿下新品發布的所有數位媒體預算，還贈送客戶實體記者會的司儀服務，所以我必須接下這個任務。其實我並沒有很喜歡主持記者會，那是個會緊張到前一晚睡不著、活動當天血壓飆升的任務，不僅要照看全場、背稿，同時還得接待來訪記者和貴賓，壓力非常大。

就在活動要進行的幾週前，某天我正與客戶過記者會流程，客戶突然接到一通電話，那通電話正是打來八卦我的。話筒那頭高八度又尖銳的嗓音，誇張到多年後的今天我還記得好清楚。電話內容大概是說：我的穿著太暴露、寫新聞稿有錯字之類的……總之，對方想表達的「重點」是，要客戶把我從主持人的位置拉下來，然後「換她上」。

在一旁聽到完整內容的我實在有夠無奈，這個任務不是我硬爭取來的，我剛進集團不到一年，也不知道老闆簽約的時候把我當成專案贈送的附加服務。然而，我並不會因為她一通講壞話的來電就斷了自己的任務，況且，就算給她講贏，對於本來就沒有非常想主持的我也是落得輕鬆。不過，對方提到我的穿著太裸露、寫稿有錯字，都是滿好的規勸。我因此購入人生第一套成套西裝，作為日後出席大活動的端莊戰袍；寫稿時也格外留意文法和用字盡量不要出錯。

回頭看看那個酸我的資深前輩，我其實滿替她難過的。在集團內已經累積超過十年資歷的她，並沒有因此有安全感，反而需要爭取有鎂光燈照射的位置來證明自己，十分可悲。我以為，**人爬得愈高，資歷累積得愈久，在執行面應該將權力下放更多，而不是總要站在被鎂光燈照射到的位置才有安全感。**我面對這件不舒服的事情並沒有大發怒的關鍵心法，其實是透過「拆解」來讓自己不困在被講壞話的惡劣情緒裡，而拆解的做法，就是從對方的話語動機找出其行為背後的真相。針對這件事，我拆解出幾個可能性：

1．一個任職大集團十幾年的資深前輩，年紀也長我許多，卻專程打電話給客戶，就是為了跟我這個剛入集團一年的新人搶主持任務，那麼這個活動肯定是一場備受媒體關注，集團也相當重視的發布會，活動若主持得好，大概免不了在集團內得到高度關注。

2．這個前輩已經在集團服務十多年，卻得來搶一個已經確定發包給我的任務，於是令我反思，如果我也在這集團幹了十幾年，總要幹到一個能下指令而非站在第一線執行粗活的角色。假如我是她，才不要做什麼記者會司儀這種吃力不討好的工作，我更想輕鬆坐在貴賓席看表演。

由以上想法又可總結出兩個可能性。一是，這個前輩應該很沒有安全感，特別需要在鎂光燈前「被看見」才能證明自己的存在價值；二是，在這個集團升遷大概不容易，好像總要透過時常曝光才有機會被大老闆看見。

如果你也遇到類似的事，雖然無法管住別人的嘴，但可以堅持幾個保護自己的行為：

1．絕不用同樣的行為報復回去

不論對方說了多麼不實的話來詆毀你，不論第一時間你多麼憤怒，記得當下不要用同樣的方式幹譙回去，不要去辯解或為自己爭取什麼。在你之上有老闆，若你是老闆舉薦給客戶的人，對方的詆毀傷的不會只有你，還有你的老闆。即使對方搶走這個案子，雖然看似傷了你，也會傷到你老闆的尊嚴，所以這件事情自然會有人出來解決。

2．不在職場上討論這個人的任何事

不論你多麼生氣，都不在客戶、老闆、同事面前提及此事。這是一個驗證品格的大好時機，別人傷你，你卻不回應，看起來好像很蠢，實則高下立見。一個專程打電話來跟大客戶說嘴，只為了討一個機會的小人，和一個受盡委屈卻不為自己辯解的可憐蟲，其實在他人眼裡，並不會覺得後者軟弱，反而看出其品格的優異。

假如你真的好氣好氣，請回家跟你媽、姐妹淘、牧師說，講給會傾聽你的委屈、跟你一起幹譙，但絕對不會傳回你的職場的人，交給這些人去解氣，絕不再擴散。

後來，我並沒有因為她的來電而失去那個主持任務，但我也沒有因為將一場記者會主持得很好就飛升上神。其實，活動帶來的激情與掌聲都是短暫的，若總要不斷在第一線表演才有高升的機會，實在太累了。

我另外想起許多年前，我代表公司參與一個政府單位的活動，會場上有許多廠商在官員和記者面前提案，而我的公司的競爭對手企業則由總經理出席活動。輪到他們簡報時，那個人不好好介紹自己的優勢，反倒當著官員和記者的面，不斷訴說我的公司有多麼差勁。也由於我的職位和年齡小他許多，即使場子上我很氣，卻也無法用什麼尖銳的話語去回應。就在此時，一位在業界一向正直的記者姐姐看不過去，主動為我和公司抱屈，並且在我進行簡報時為我做球，讓我有好的表述，最後我們順利拿到補助，也獲得該媒體的大版面報導。

真正的榮耀未必高高在上，許多刻意顯擺的行頭或鎂光燈，未必是使我們高升的基石。謙卑處世，昂首做人，不卑不亢地面對每一個任務，時間到了，自然會有高升的一天。

《聖經》經文——Holy Bible

「他們一切所做的事都是要叫人看見，所以將佩戴的經文做寬了，衣裳的繸子做長了，他們喜愛筵席上的首座，會堂裡的高位，又喜愛人在街市上問他安，稱呼他夫

子。而你們中間誰為大，誰就要作你們的用人。凡自高的，必降為卑；自卑的，必升為高。」（〈馬太福音〉23：5、12）

職場打怪心法——Mindset

我們沒辦法避免別人的攻擊，縱使你只是比較努力工作，努力把事情做好，都可能會被討厭。雖然找不到完全不受攻擊的方法，卻可以把每一次的攻擊當作一種操練。當你遇到職場怪獸的攻擊，試著不要定睛在怪獸和其言語上，先靜下心來「拆解」這隻怪獸背後的動機和事情的真相。

STORY

11

就是不應酬怎樣：距離造就英雄

友A：溫哥妳知道嗎？上次我去參加一個飯局，那個自己開公關公司的誰誰誰說他很討厭妳，你們有什麼過節嗎？

溫哥：他很討厭我？請問他哪位啊？我連他是誰都不知道。很討厭我？喔，那就給他去討厭啊！

某天和一位新創品牌的朋友通電話，得知一個我根本不認識的人搞了一家公關公司，並在飯局上表達對我的厭惡。當下，我在腦袋裡仔細搜尋了一番，完全想不起這個人的臉，也完全沒有印象跟他在哪裡見過。那個人選擇在齊聚眾多品牌主的餐敘上表達討厭我，卻沒有具體說出討厭我的什麼、在哪裡跟我交手過、吃了我的什麼虧……所以，他到底想幹麼？

你也遇過這樣的事嗎？有一天突然有人告訴你，某某某說你壞話，讓你覺得莫名其妙又生氣。那麼，首先我要恭喜你，你是頗有影響力的。你一定做對了某些事情，或許你做得格外出色，又或許在你出現之前，這個領域根本沒有能拿來比較的對象，於是你成為箭靶，因為出色而擋了人的財路，又或者威脅到某些人的威信。什麼也沒做錯的你，意外成了他人說嘴和討厭的對象。那要怎麼辦呢？記得梁靜茹的一首歌是這麼唱的：「別人怎麼說，我都不介意，我愛不愛你，日久見人心。」

就拿前面那個討厭我的人來說，在坐滿了品牌主老闆們的好場子上，他不好好介紹自己的優勢、推廣自己的業務，反而把時間和鎂光燈留給了完全不知情的我。他的目的或許是慫恿其他人一起討厭我，但很可惜的是，我並沒有因為他的說嘴而少賺了什麼錢、多樹了什麼敵，反而讓本來不認識我的人知道了我，雖然內容未必是好評，但你認為這些老闆都是白痴嗎？飯桌上閒聊打屁瞎哈拉，實則趁機講八卦、道人長短，這樣的人會是保護商業機密的好合作對象嗎？有智慧的企業主會選擇與他合作嗎？至少我就不會。再來，我不是做業務，也不是開公關公司而需要招攬客戶，對於他的討厭，只能說：慢走不送！

有句話我一直非常認同：**單純是究極的精巧**。不僅如此，「單純」也是一種訓練自己變強大的方法。當你把生活過得極其單純，會免除許多麻煩。就舉我為例，我的生活除了上班、去教會、教書、演講、和家人好友吃飯之外，幾乎不參加應酬。或許你會問：這樣不是少了很多社交和商業合作的機會嗎？坦白說，吃很多應酬飯、跑很多攤活動，績效真的會變好嗎？真正讓自己變好的方法，其實是專注在工作和目標對象上，鑽研出更好的技術。

拿我的工作來說，我的KPI就是讓我的品牌上新聞，而上新聞的方法是寫得出有哏、媒體喜愛、對觀眾有幫助、讓電視臺收視率更好的內容，這些事情是應酬可以得到的嗎？產業人士聚在一起喝酒吃肉說八卦，對你的事業有多少幫助？況且，**當你很常出席某些場合，和某些人混在一起，就會被歸成同類人**。如果是可以交流學習的讀書會，當然很好；若是沒什麼營養的同業飯局，還不如回家睡覺。

回到剛剛那個討厭我的人吧！為什麼不需要在意他？也不用去把那人抓出來問個清楚？首先，他的詆毀並不會讓我失去什麼，因為記者不會管你被多少人討厭，基本上只要生得出好新聞、寫得了媒體要的哏，就能掌握核心價值。或許在他拚命說你壞話的同時，你又成功打造了更厲害的媒體曝光，做出更好的工作表現。

再來，把時間浪費在攻擊他人，讓閱聽者因同情而產生認同，而不是專注在自己的工作或規畫上，是相當低等的策略。**專注是自我提升的法寶**。你可以去上課學習；可以去分享或教書，訓練口才和臺風；可以累積更多好表現、好作品，使自己有名出眾。自我提升，不是靠著應酬，或花費時間在那些明明不熟，卻要在飯桌上陪笑說八卦才能打入的朋友圈，這對人生沒有幫助。至於那些人愛討厭誰、愛攻擊誰，無須在意。

英雄都是時間和距離造成的，練就一身強壯的靈魂，**在你的領域當個神龍見首不見尾的神，讓別人總是耳聞有你，卻很難見得到你，因為英雄不是想見就可以見到的**。這樣的你，會是傳奇。

《聖經》經文──Holy Bible

「我從前風聞有你，現在親眼看見你。」（〈約伯記〉42：5）

職場不應酬心法——Mindset

我也曾參加過一些大型品牌或媒體主辦的社交晚宴活動，付一張二萬元的門票去吃一頓原本可能只要二千塊的飯，而那樣的場合，常常是炫富和顯擺自己的環境。倘若你的收入不錯，偶爾去一下這些地方，看看不同世界的人都在幹麼，倒也無妨；倘若你指望在那樣的環境獲得生意或人脈，那就需要搭配〈神燈無所不在〉講的：活動中抓準機會講對話，活動後快速跟進並創造拜訪機會。在此之前我都奉勸你，把自己修煉成精，比吃很多沒營養的社交飯局來得有幫助。

STORY

12

網路酸民的謾罵①：被一篇負評煩死的行銷人

許多品牌一定有過這樣的經驗：被消費者投訴到水果報，或客戶不滿某個商品而上PTT幹譙。負評文一旦PO上網，就會屹立不搖地高掛在搜尋頁，怎麼樣都下不掉，正是所謂一個負評煩死一堆行銷人。

縱觀這些年幾個吵得滿大的負評聲浪新聞：臺南某家日本料理名店邀請部落客到店消費，但沒說清楚是請客還是自費，店方覺得委屈想上網討拍，沒想到引來更大的負面聲浪；高雄某個透過打溫情牌而經營起來的甜點品牌，卻因為一個危機沒處理好，幾乎全倒。危機通常都是溝通出了問題，總是想爭一口氣，結果爭到滿肚子氣。但是千萬要留意，在社群媒體影響力如此強大的今天，和誰不爽，於是在自己板上譙一譙解氣，是要有步驟的，免得氣沒出到，反倒搞得滿身腥，更加難受。

這裡與各位分享幾個危機處理的關鍵，危機處理得好，轉機隨之而來：

確認危機影響層面

首先觀察，你是否已處在下列情況中：

1．電視新聞露出你的事件，報導前卻沒有來問你。
2．在PTT或臉書看見負面發言。
3．自己也理虧，並非完全沒有疏失。

好的，如果上述至少具備兩項，基本上會走到今天這局面，你必須承認：一定有些「疏失」導致當事人「真袂爽」，於是透過媒體或網路等散播工具來弄你。這時候絕對不是哭，或是大喊委屈再去弄一兩個新聞給他死就可以解決。或許你會心想：「但我就是很委屈啊！」「也不完全都是我們的錯呀！」然而我必須說，後續那些高掛在網路上的負評新聞下不掉，你會更嘔。

承認一切都是我的錯

談到公關危機，不得不想起幾年前我還在電商服務時，旗下品牌曾在ＰＴＴ被譙得沸沸揚揚的「甘那賽蚵仔事件」。當時，一個消費者在我們的商城買了蚵仔口味的零食，收到後覺得商品實體和網路照片差太多，於是在ＰＴＴ發了幹譙文外加精闢的商品介紹文狂罵，立刻衝進數百個網友團結力挺。

這種時候，平台業者的心態可能是這樣：

「我只是平台耶！商品又不是我製造的，要罵應該罵供應商啊！」

「這個客戶有事嗎？不爽可以寫信來啊，幹麼上ＰＴＴ去講？」

「不理他好了，擺個兩天文章就沒人看啦！」

你想的或許沒錯，擺個幾天文章就沒人看了，但是那篇文章會擺到世界末日那一天，你每次看到，心裡都會揪一下，何必呢？這個時候，你必須使出危機處理最高境界「萬佛朝宗」，跟著我唸一遍：**千錯萬錯，只要消費者不舒服，就是我的錯！**

消費者會吵鬧的關鍵，無非是心裡受傷了、對你失望了。他們心裡想的是：我那麼相信你的平台，付了錢，滿心期待打開零食的那一剎那，卻沒有獲得應當的回應，所以不能接受。因此企業主們，來分析一下所謂千錯萬錯在哪裡：

1. **供應商的商品品質良莠不齊**：是我不好，我應該要緊盯供應商。
2. **產品是在我們家買的**：是我不好，誰叫我要上架。
3. **消費者的感覺不舒服**：是我不好，讓你開心是我的責任。

不踩雷的處理方式

觀察局勢、承認自己的錯誤後，接下來就是蒐集所有負面聲音的來源，了解哪些媒體已經發布？發布者是誰？有沒有辦法找到本人？

1. **第一次呼呼**：客服人員於第一時間與買家溝通商品情況，並協助退換貨。
2. **更高層呼呼**：一小時內發言人致電消費者表達歉意，讓消費者有尊榮感。

3．**與媒體接觸：**如果上了新聞媒體，可以提醒記者或撰文者，事件已更新處理，可否進行平衡報導。

或許並非每個人都能認同，實不相瞞，我也曾將文章標題下得太猛、內容寫得過於浮誇，導致網友來幹譙。然後呢？我真的錯了嗎？其實這都不重要，這個時間點必須做的是，**不要讓那些永遠下不了的酸文使你難受多年。**

再來，企業經營者可以想想：「道歉」真的這麼難嗎？仔細思考，為了一個要走得長長遠遠的好品牌而道歉，其實不難。你或許認為這樣會養壞客戶，引來一堆「會吵的孩子有糖吃」的風潮；但你無法預料，若一個負評危機處理得好，為品牌帶來的養分絕不會少。

我曾遇過一位7-11店員，他碰到客人點了一杯熱咖啡卻要求加五顆冰塊，當下他的一個舉動讓我覺得值得讚揚。這位店員走進休息室，脫下制服，以個人角色和客戶說明：「現在我不是7-11店員了，請你不要欺負我！」他清楚表達現在正與客戶對罵的是個普通人，而非代表小7的員工，以個人的身分爭取應得的尊重。若你還穿著品牌的外衣，請記得「尊榮以前，必有謙卑」，你的一個小動作，將換來莫大的榮耀。

《聖經》經文——Holy Bible

「有人想要告你，要拿你的裡衣，連外衣也由他拿去。」（〈馬太福音〉5：40）

職場降卑心法——Mindset

只要還披著品牌的大衣，就必須學習謙卑與低頭。許多時候，只是卡在一口氣沒出、不願意認輸。但說句難聽的：跨物種是無法溝通的。道歉是策略，但未必是結果或代表認輸，你想想，你跟爛人爛事攪和下去，所浪費的時間和精力，才是真正浪費生命的耗損。

STORY

13

網路酸民的謾罵②：被罵「白痴公關」的那一夜

某次飯局上，一位「俠女性格」的部落客分享著她如何回應一些職場鳥事。某個網友吃飽太閒跑去她的臉書幹譙，說了不只是攻擊的話，還牽涉到誹謗。那位俠女阿姐也不是省油的燈，立馬聯繫委任律師，對那個白目網友提告。法庭上，完全不見對方在網路上的囂張氣焰，而是坐在被告席裡發著抖，表達自己是因為「無聊」而犯下錯誤的言行，後來俠女朋友大氣地和解。這件事情讓人理解到，說任何話之前若不三思，終究要付出代價。

幾年前，某次與新聞記者朋友用餐，當時正逢一則大新聞：××莎咖啡不慎使用味○毒奶，導致消費者群起撻伐，表示拒喝。記者問我：「妳的危機處理經驗那麼豐富，假如妳是他們家公關，會怎麼處理？」不疑有他的我很直白地回答：如果是我，會來個「斷奶求生」，一家咖啡店的最大宗商品肯定是拿鐵，主動宣布斷奶兩個月以示誠意救品牌，對消費者而言是個很有感的策略。這個發言讓記者覺得有夠讚，於是新聞報導就發出去了。然而，鄉民鋪天蓋地的謾罵聲開始出現，許多不認識我的人在各大靠北社團宣傳我是「白痴公關」「危機處理專家自找危機的災難」，然後有人開始起底，把我祖宗十八代都挖出來。

我的說詞並非空穴來風。早年南部一家知名百年肉粽品牌不慎使用死豬肉，導致攻擊聲浪襲來，幾乎足以打垮百年老招牌。業主為了救品牌，砍了自己好大一刀，透過媒體宣布三個月內買過他家產品的，有發票拿發票，沒發票就算拿一片粽葉或棉繩來，統統退消費者錢，於是救回了這個牌子。被罵「白痴公關」，我當然很難過，從事企業公關十幾年，從未在工作上出大錯，只因為用餐時的閒聊，記者覺得標題好而發了稿，居然被網路肉搜、全民公審。我緊急請記者將文章下架，私訊給一些罵得比較兇的人致意，然後讓這事隨風飄去。

其實臺灣的新聞就是這樣，一個社會事件會被另一個更大的社會事件蓋掉。二〇二〇年疫情來了之後，韓國瑜也沒了版面不是？每一天都會有新的事情蓋掉昨天的新聞，況且我當時也不是個有名的人，我被罵的事件很快就下片了。不過那件事情沒有使我從此一蹶不振，反而讓我被上市櫃公司挖角，擁有一份薪水三級跳的工作。把當網路酸民的時間拿去進修，會讓你成為一個很強、很有利用價值的人，你所擁有的存在感，才是實實在在的。至於面對惡人，不用心懷不平，更無須被激怒，因為那種人很快就像雜草一樣被消滅，像過氣的新聞一樣兩週後就下片。

我二十出頭時，在一家常常要飛往海外的公司服務，成績還算閃亮（好到爆炸），於是被辦公室裡幾個專長是亂講話的婆娘們狂黑。就有那麼一次，上廁所時我直接聽到婆娘們在外頭講我是個婊子（真是個讚美），其實她們並沒有跟我相處過，只是沒來由地看我不爽（人太優秀難免的），什麼誹謗造謠的壞話都說得出來。某次實在講得太嚴重，律師判斷要是針對那些誹謗我的內容提告，足以讓對方ＧＧ，但我的牧師對我說：

「饒恕她們，她們所做的，她們不曉得！」

於是我咬著牙含著淚不提告。而嘴壞的人依舊嘴壞，十幾年過去了，偶然聽說那群婆娘們的下落，有些混得還不錯，但最壞的那個現在連工作都沒了。而當年被罵婊子的我，依舊活躍，好得很！而且被罵「白痴公關」後，因為危機處理得尚好，知名度也提升，開啟我飛升上神的職場人生。

《聖經》經文——Holy Bible

「不要為作惡的心懷不平，也不要向那行不義的生出嫉妒。因為他們如草快被割下，又如青菜快要枯乾。」（〈詩篇〉37）

職場打怪心法——Mindset

成為一個實實在在的強者，無須被他人的謾罵或誹謗激怒。那樣的人多半正事不幹、表現平凡，將過多時間奉獻給充滿八卦的茶水間，用極少時間為工作付出努力，也鮮少反省自身錯誤而有所進步，很快就像雜草一樣被消滅。這種人最大的報應就是大概一輩子不過爾爾。當你坐在豪車上翻閱著財經雜誌，絕不會有時間去回想多年前傷害你或在職場上酸你的人，因為他們一定還在原地，沒有長進。

STORY

14

不遭人忌是庸才：出色人才沒有「0負評」這種事

職場上有一些明確的定律，其中一個是「不遭人忌是庸才」。如果沒有人要弄你或誹謗你，那基本上你大概沒有太大的殺傷力或影響力。當一個平淡樸實或出色搶眼的人都是自己的選擇，但若你選擇後者，想成為零負評先生或小姐，就不太可能了。不論你做得再好、再優秀，都會有看你不爽的人。縱使你從來沒想過跟他們爭，只是把自己分內的事情做好，他們也可以從你長得不夠正、臉太臭、看起來囂張，甚至用一些完全沒道理的話來罵你。

幾年前，我投入一個公益組織，擔任公關志工指導老師，帶著一群大學生去做一件有點困難的事：教會他們如何聯絡並找到心目中理想的大人物。那些大人物都是國家元首級的高度，對於沒有資源、沒有人脈，也沒有管道和經驗的學生而言，實在不簡單。我的教學方式是，教學生怎麼做，但不出手幫忙。如果出手幫忙，而且事情成了，孩子們便無法判斷這個成功是老師帶來的？還是他們自己努力而來的？

但我也不想讓孩子們處理起來太困難，於是透過管道去聯繫可以教導我們的人，請對方分享經驗。後來某位企業主轉介了其部屬，沒想到對方跟我聯絡後，如同在罵狗的羞辱模式，對於我的討教和請益抱著極大的不屑，並以「妳不是個咖！」「妳是第一天做公關嗎？」等質疑來訓斥我。可以理解因為行業不同，對方可能並不知道我在公關圈行之有年。不過，有禮與尊重，不是做人的基本態度嗎？學習是一生要走的路，我不可能什麼都會。這個人帶給我的學習就是：如果將來有人向我請教某件事，我一定會客客氣氣地回答。**被請教是一種榮幸，不是用來羞辱人的。**

與團隊討論後，我們決定不請教那個人，而是靠自己想辦法。妙了，對方開始惱羞成怒，在某些攻擊性的論壇以隱晦的方式大肆幹譙我，並向我現任、前任、前前任老闆們數落我帶給他的不悅。非常不意外的，不太有人理會他，也沒有任何一位老闆來罵我。後來不知何故，那個人公開攻擊我的話語也自動下架了。我沒去跟任何一位老闆解釋什麼，一方面是我懶，二來是這個人的大眾評價，基本上大家都知道他的行為就是如此。我會生氣嗎？當然會。但我始終相信一個道理：**獅子永遠不會回頭聽狗吠！**

最後，我們成功完成了這個計畫，是孩子們自己進行的，完全沒有靠那個對我吠的怪人的任何幫忙。我們不只邀請到直轄市市長，連行政院院長都是座上嘉賓。不僅如此，我也與這些大人物們成為好友。

回顧這個故事，其實我已經沒有什麼情緒了。然而最近又看到身邊朋友也受不當的干擾所苦。親愛的，我實在明白你的感覺，說不氣都是騙人的。但你試想一個情境：當那個某某某又在臉書或任何平台攻擊你，而你正在與總統吃飯，你正在推動一些國家大事，長眼的人就會看見誰才是有格局的人，而那些看不見的人也不會是你局裡的朋友。

那些關注你並且攻擊你的人，無非就是要你回應他。我知道你很氣，但是依你的高度去回應對方，甚至提告、公開他的惡行，基本上就是正中對方下懷。一個高高在上的你，一個優秀到爆炸的大領袖，若與市井流氓對告，對方就成名嘍！因為被你攻擊後，他更有新聞點可以來訴苦，來潑婦罵街，或做更多無聊至極的事情讓你不得不面對他，那種感覺就像踩到狗屎一樣。你必須做的，就是丟掉那雙鞋，因為鞋洗了還是臭的，而且會一直令你不舒服。

不理他，就沒事了嗎？我明白你嚥不下那口氣，那就躲在房裡大罵髒話，然後請搭電梯上樓，去找更高領域與更大格局的事情，去找更厲害的人物。當你的影響力無遠弗屆，哪有空去理會那些人的文章。倘若有一天你再度提起這件事情，你已經位高權重，功成名就了，對方甚至看不到你的車尾燈，因為你已經站在高崗上。那人也因為你多年的不搭理，依舊在哭爸來哭爸去的生活中惡整另一個倒楣人，然而你早已走得很遠了。

甩人巴掌的最好武器，就是沉得住氣，讓自己在某個領域當神，但依舊謙卑，並不忘記從那些傷害你的人那裡學到的真理。有一天，你甩他巴掌的舞臺，就不會只是某個同溫層取暖的平台。我曾有一位老闆，品格很好，也是個先知型的夢想家，他做生意都會替客戶著想，給員工發揮空間，但是他賺的並不像無良商人那麼多，因為他在道德和真理上守分際，選擇很多錢不賺。某個沒什麼道義的商人曾經損他，說他每次做什麼生意都不賺錢。而他聽了僅是微微笑，閉口不言，旁邊的人看不下去便開口：

「就算是這樣，他還是贏你！他只要喊一聲創業，就會有創投和一大堆人捧著錢要來給他用，因為這些人投資的不是生意，而是人品。」

當下就把那人甩了一個大巴掌而難以回應。

給在職場上辛苦耕耘的你：你很棒，不要回頭看，那裡沒有將來！

《聖經》經文——Holy Bible

「羅得的妻子在後邊回頭一看，就變成了一根鹽柱。」（〈創世紀〉19：26）

職場不回頭心法——Mindset

許多時候，我們當然會覺得很委屈，但是公道自在人心。之所以保持沉默，不是因為軟弱，而是不好的示範一定不做。學會忍耐、閉嘴、謙卑，才是將來能穩坐尊榮寶位的不二法門。

STORY

15

濫好人就只是爛：職場上用買賣取代幫忙

正所謂「買賣不成至少還有仁義在」，但若時常幫忙卻一次不幫，就會被扣上不仁不義的帽子。這劇情很不公平對不對？但這樣的狀況總是不斷上演著。沒有人必須無條件幫助他人。如果你真的想當個只付出不求回報的大好人，那可真別去求回報，而且，即使再疲乏都要一直幫下去，否則一次不幫，就會成為無情的千古罪人，從前所有的付出，也會在一夕之間化為烏有。這就是人性：**好事情，人總記不住；但只要一次不好，記你一輩子。**

不好意思拒絕別人、不敢表達真正的想法，說穿了就是不成熟和沒有被討厭的勇氣。明明心裡幹得要死，卻又不想讓人覺得自己現實，所以開始了第一次、第二次、第三次……甚至無數次的無條件幫忙，但你並不是那麼有空，而對方也並非沒你會死。就在一次次不甘願的忍氣吞聲中，自己養出了那個將來會罵你不仁不義又無情的白眼狼。說穿了，你也是養壞牠的關鍵推手。

一位職場長輩說過一段話，我覺得非常受用：

「幫忙從來不是門好生意，而且幫來幫去會幫出問題。但買賣不一樣，你提出合理的報價，對方自行判斷接受與否，最後雙方甘心樂意地合作，訂立商業盟約。你把事情做好是應該的，因為對方付錢。你或許不會獲得多大的讚美，但收到錢了，這樣的合作關係才是長久且對等的。

還有，任何合作開始之前，只要約定尚未簽署，頭款還未支付，一個字都不要寫。即使你以為一定會通過合作，然而一旦掉了，先跑先做是你的選擇，心裡再幹也是自找的。」

年紀小的時候，我覺得義氣很重要，當時的我若聽到這番話可能會覺得太勢利。長大之後才有所體悟，不管做朋友、做買賣，或者任何事情，彼此想清楚、講清楚，非常重要。

某段時間，我常被高層硬拗在週末出席其他事業群的商業活動。如果我有時間，活動也有出席的必要，那當然沒問題。但若只是去看著別人吃吃喝喝或陪笑應酬，那真的沒必要。有幾次，活動時間剛好碰上我上主日學的時間，於是我誠懇告訴對方我固定上主日學的時程，後來就沒有再被硬拗了。你或許會擔心：如果拒絕多次，久了人家就不約我了，該怎麼辦？但在我看來真是大大的好！參加沒有必要的應酬，你認為會遇到金龜婿嗎？還是會突然被大老闆看見而高升？聽我的老生常談：沒有那種事！那個總是硬拗我的高層，出席了不知道多少年的應酬活動，也沒有因此飛升上神，連總裁的車門都沒輪到他開。

談合作的時候，我最常問：你要什麼？你需要我為你做什麼？同時也一併思考：我要什麼？過程中我想得到什麼？是金錢？是名利？還是對方至高無上的感激？開始執行後能否實現自己的期待？假如不能達到平衡就誠懇拒絕，心中不要有一點點的不甘願，因為那是一種不好的酵。這是很重要的思考學習，也是訓練自己保持真實的方法。每當我問別人你要什麼，八成以上的人會開始靜下來思考。我會完整聽完他的需求，再分析我的建議，並且告知這件事情若需要我出力，對方必須花費多少金額、付出多少心力。

「濫好人」這樣的名詞，我從來不覺得應該存在。真正的好人有智慧、果斷、勇敢，而且真實表達。這裡的「濫」帶有一點可憐、一點活該，並且重蹈覆轍。但願我們都真實，也努力做一個清楚明白的好人。

《聖經》經文——Holy Bible

「義人的口談論智慧，他的舌頭講說公平。」（〈詩篇〉37：30）

職場好人心法——Mindset

拒絕是一門藝術，也是一種自我保護。當你沒有原則，每個人都會看你軟弱而軟土深掘，其實很多白眼狼常常是自己養出來的，不是別人原本就這麼壞。提醒自己，不要成為白眼狼的溫床，你都不懂得捍衛自己，別人當然會無法無天地欺負你。

STORY

16

自我毀滅的好人：是真愛還是真「礙」？

接續上一篇有關「好人」的話題。你是一個凡事都好、什麼都答應的好好先生或小姐嗎？別傻了，「好人沒好報」這句話是真的。有時你可能會在心裡murmur：

「我人這麼好，為什麼會遇到這種事？」

「我對我的小孩一直都這麼好，為什麼他們會如此不孝？」

「我常常幫助別人，他們都覺得理所當然，毫不感激，那也罷了，但當我需要幫助的時候，為什麼沒人鳥我？」

當你自以為的「好」超越了真理和應遵守的道理，給人太多的妥協，在關係中完全沒了自己，卻又認為「我人這麼好，應該要有好報，老天爺應該要眷顧我」，那麼，你很可能開始走上一條自我毀滅的道路。請檢視一下你是否有這些狀況：

1．不好意思拒絕別人，心裡並非樂意卻不敢說出來。

2．擔心若不接受對方的要求，就會被討厭。

3．很難下決定，拒絕和溝通都有障礙，無法表達真實的情況。

4．很會忍，雖然當下心裡覺得受委屈，可是不敢說，直到有一天爆炸……

很多人超級有「愛心」，但是當愛心大到一個程度、越過倫常，就會開始出問題。舉例來說，客戶明明有預算可以發包給專業的寫手，而你的同事為了多賺一點錢而承攬下這個工作。為了把寫稿工作交由你來負責，開始對你說些好聽的話，比如稱讚你文采好、可以把寫稿當作練習、對自己有幫助、我們應該為公司付出。於是，本來事情就多到爆炸的你，過著晚上加班、週末趕工的日子……

等等！這不只傷害了你，也可能毀了生意。專業的團隊需要給予客戶正確、有用、能對症下藥的寫手來包裝，而不是叫你犧牲時間去搞一篇不一定切得到點的文章。後續問題可能是被抓包了，客戶生氣而不再合作。你的「愛心」不只讓你累得半死、賺到的錢沒有分你、功勞不會有你，一旦出了問題還會連你一起死。說穿了，這件事情原本就不干你的事，你唯一做錯的就是「好心」「不好意思拒絕」「他送我一杯珍珠奶茶耶」……親愛的，你的價值就是一杯珍奶嗎？

轉換另一個場景：妳是一個超級有「愛心」的媽媽，孩子從小到大，都幫他們打理好所有事情。孩子犯了錯、遇到問題就來找妳；孩子刷爆了卡，妳來幫忙付清；孩子跟人打架，妳去吵說我家小孩很乖，都是對方的錯；孩子老大不小，沒錢花就回家啃老，當妳給不出錢，他可能就扁妳，然後罵妳沒愛心。親愛的「慈母」，妳做錯了什麼？當愛與律法沒有兩全，妳再繼續愛吧！敗家子、殺人犯……妳可能就是孕育他們的溫床。用自以為是愛的「礙」所帶來的副作用是非常可怕的，尤其是到了下一代會完全爆發出來，造成不可挽回的悲劇。

曾經有段時間，我因為工作壓力大，總是用刷卡購物來釋放自己。買東西的當下很爽，於是金額愈買愈大，信用卡愈刷愈誇張。有一次，我看到一間近二千萬建案的預售屋。這棟房根本沒開始蓋，我也沒買過房子，沒跟家人商量，沒評估自己的還款能力，只因為「我想要一間房子」，加上建商業務說了一句：「現在下訂只要十萬，原價二千萬降到一千六百萬，還送全套裝潢。」於是我刷了一棟房子的訂金，刷了這筆錢我一點痛感都沒有。

後來我和我的小牧師分享，她叫我把卡片全部剪光。說真的，我嚇到了，但我還算聽話，一邊哭一邊剪光皮夾裡的所有信用卡。不習慣用現金而總是刷卡的我，看到想要的東西無法手刀購買，覺得好不方便；一向大方、愛請客的我，也無法闊氣了。好幾個星期我都在哭，只因為我沒了半張信用卡，我的安全感沒了。你說我的小牧師「愛」我嗎？過了一年，我回頭看，她是愛我的。縱使當下我可能會討厭她，她仍然選擇要管教我。沒了卡，也沒了債務，我改變了用錢的習慣，開始懂得累積存款，也懂得找其他方法紓解壓力。當然我還是愛買東西，久久給自己一點小確幸，但刷卡購物不再是釋放壓力的出口。

這個世界上絕對沒有一個完美到足以被稱作好人的人。每個人當然都有愛心，但是當愛裡沒有律法，副作用就會無限放大。是就說是，不是就說不是。**真實且走在真理中，而不要堅持在「我是好人」的詞裡徘徊。**當你開始這樣過，至少邪惡能被限制在一定範圍裡，不再無限放大。

對人好是禮貌，而這份好是你甘願的，將來就怨不得別人。把愛與律法活用在生活的每個層面，或許我們都能獲得心靈的自由與真正的尊重。

《聖經》經文——Holy Bible

「凡管教的事，當時不覺得快樂，反而覺得愁苦，後來卻為那精練過的人，結出平安的果子，就是義。」（〈希伯來書〉12：11）

職場好人心法——Mindset

世上沒有一個完美的好人，不要堅持過度的愛心、氾濫的付出，就算可能被討厭也要說真話。同時反思，一味的順服與幫忙，其實不一定能幫到對方。說出內心真實的感受，婉拒不合理的請求，並探討對方的動機，進而解決，才能真正幫助他人，也放過自己。對他人說「不」，是為了保護彼此。

STORY

17

占著茅坑不拉屎：待不爽就滾蛋，不要一直在那鬼叫

「我從認識你到現在，從來沒聽過你講你老闆一句好話耶！所以說你老闆根本是個人渣呀？」

和某位朋友閒聊，我沒頭沒腦說出這番話。他的老闆我見過，人看起來傻裡傻氣，也算好相處，但我並不是很了解他，從朋友口中的敘述，似乎是個令人想把他殺死、完全沒有任何優點的壞傢伙？是的，那朋友幹麼不離職？沒錯，你跟我想的一樣，我也問了一樣的問題。

他這麼爛，你還留著幹麼？他給你很高的薪水嗎？

「沒有，低到可悲……」

他給你股份？

「沒有，這公司就算有股票也會慘敗。」

你暗戀他喔？（我沒詞了……）

「怎麼可能，我巴不得狠狠揍他一頓！」

還真猜不透，接連幾次聽著朋友抱怨，聽久了真是累人。我的情緒從起初與他一同悲憤，到強烈質疑我朋友才是真正有問題的人。某個夜裡，我給了朋友一句刻骨銘心的話：「待不爽就滾蛋，不要一直在那鬼叫！」是的，幹譙這件事情十分紓壓，但對於整體人生還真的沒有半點好處。

幾年前，一位朋友告訴我，他的公司開出公關職缺，希望我去試試看。從平時我對他的認知，我一點都不想去他的公司服務，因為他總是拚命幹譙公司，數落得一無是處。當時我真心告訴他：「不喜歡就走吧！把位置讓出來，給受得了又甘心的人。不要身在曹營心在漢，對誰都沒有幫助。」當然，朋友覺得很不爽，很長一段時間沒有理我。然而不過幾個月，他突然與我聯繫，說已經換了一份新工作，現在覺得生活舒服自在，也感謝我當時的曉以大義。

職場生活中，我有沒有遇過很憤慨的事情？碰到很討厭的老闆？坦白說，當然有。這種時候，說不幹譙是騙人的，但幹譙要找對對象，講內容但不具名，抒發一番後，解氣了就算了，別讓這些「感覺」在同業間或職場裡不停流竄，不只沒任何幫助，還可能帶來無法想像的後患。

當我非常難忍耐的時候，會在紙上寫下各種條件：公司、老闆、薪水、同事、未來發展性、離家遠近……一條條列出來檢視，無論如何都要找出「優點」。比如說：薪水比其他公司都好，為了錢就忍吧；老闆有時脾氣壞了一點，但每天都能跟一群優秀的同事一起工作……一定有優點，**一定有讓你譙個半死卻遲遲沒有離去的關鍵因素。放大這些優點，放大到可以讓你不再抱怨，並且為這個優點繼續努力，然後往前走。**

假如列完所有條件，仍然找不到一項可以讚美，那麼也代表著，這個地方不適合你。何不放開手，讓更合適的人坐在這個位置上？而你也可以自由去尋找真正屬於你的「美樂地」，快快樂樂做個職場好手。

《聖經》經文——Holy Bible

「我又轉念，見日光之下，快跑的未必能贏。力戰的未必得勝，智慧的未必得糧食，明哲的未必得資財，靈巧的未必得喜悅，所臨到眾人的事在乎當時的機會。」（〈傳道書〉9：11）

職場離職心法——Mindset

「辭職」是面對職場困難時看似最快速，也最容易解決困境的方法。我們會用金錢去衡量轉職，或從行業的發展性和能否有更多的學習機會來評估。然而，若你始終卡在自己的情緒問題或職場人際的困境，並非有更好的機會而選擇跳槽，我建議你先冷靜下來思考你常遇到的問題是什麼？為什麼到每個地方都跟老闆處不好？為什麼老是被同事當工具人硬拗？又或是你的手腳很慢，工作經常卡在類似環節而出錯？那麼你要重新盤點自己，這些問題並不會因為換工作而改變，即使到了新的環境，你還是會再遇到它。

STORY

18

顧左右而言他：讓討厭的人知難而退又不得罪

適時的「裝白痴」，在我看來是在職場上非常好用的伎倆。你肯定遇過那種讓人極度討厭、講話不經大腦、問的問題或要求總是令人白眼都翻到後腳跟的傢伙。面對這樣的人，硬碰硬只會讓自己更吃悶虧，對方說不定還會冷不防給你來個一句：「我就是開玩笑的嘛～你怎麼那麼難相處啊？」那你肯定會氣到想要揮拳。

某次我出席一場活動，碰到幾個舊識。坦白說，那些人來自過去我曾經定期參加的公益組織，我在那地方常態出席活動少說有七年之久，但後來我再也不去了，因為深入了解後發現，該組織領導人有少許暴力傾向。若底下的人不聽話，可能遭到潑水、一拳揮來的毆打；如果忍不住氣回嘴了，會被冠上「不尊重組織、不順服領導」等惡名。

原本在那公益組織一直頗受尊重的我，某幾年獲業界長輩投資，開了一家藝人經紀公司而沒在大公司任職，也才大大經歷了人情冷暖。過去，我一直在響噹噹的大品牌企業服務，來往的人不是記者、企業家，就是某些名嘴，帶到組織裡的朋友都是些有臉面的人，因此我格外獲得尊重。後來幾年，我沒了大品牌的企業光環與頭銜，成了小公司的老闆，需要自己掙錢打拚，從頭幹起，也就深刻感受到「此一時，彼一時」的對待。

這樣的環境讓我感到很現實，公益團體就是要與人為善不是嗎？怎麼在看似聖潔的環境中也有許多黑暗呢？當時年紀小想不開，我失望至極，而如今再回頭看也可以理解了：在很糟糕的環境中也會有好人，在很聖潔的環境中也會有壞人。每個人都是罪人，沒有一個地方是完全聖潔，也沒有一個人是完人，因為聖潔無罪就是神了，我們老老實實當個不可能完全聖潔，但至少守素安常、安分守己的凡人就好。

與那幾個舊識意外重逢的當天，我出席一個重要的媒體發布會，因此打扮得格外亮眼，也由於常年與媒體交涉，在場來賓和記者都溫哥、溫哥地叫我，很是威風。兩個舊識看到我，走過來與我寒暄。其中一人說：「Winner啊，怎麼這麼久沒來，有時間要來看看老朋友們啊！」另一個搭腔的長輩說：「什麼來看老朋友，這裡就是她家呀！不論她在哪裡，都是我們家的一分子。」

哈哈，這強給我扣的帽子實在令我很尷尬。我心裡其實超不屑又想吐，但礙著對方是長輩，我使出降龍十八掌最厲害的那一式「裝白痴」大法。我知道對方想聽我回一些讓他們爽的話，但我就是不想順著他們的意，也不想落得悖逆的罵名，於是當下我回：「阿叔，好久不見了啊。我跟你說喔，我現在已經退休了，沒在幹活了，有空的時候我會寫書和去美容院做臉，其實過得滿好的。」我完全沒有針對他們的問題做出回應，也沒有和他們硬碰硬，但也著實讓這兩老碰了一鼻子灰，於是識趣地走掉了。

這樣「裝白痴」的我很壞嗎？見仁見智吧。有些你很討厭的人，在別人看來卻很寶貴，我的感受並非就是真理，我怎麼論斷他們也沒那麼重要。但是面對對方提出的問題我不想回應，又讓我感到很尷尬的處境，我最常做的就是「裝白痴」，對方當然聽得懂我的言下之意，就是沒有要鳥他的意思，我既沒有爆粗口，也沒有對他不敬。若他們跟人說嘴講我的不是，我也可以用「什麼？他們叫我有空要回來坐呀？當時場子太吵人太多了，我應該是沒聽清楚才會那樣說」來輕鬆帶過，是不是很愉快？

關於顧左右而言他的高手，我就認識一位，這是發生在《聖經》裡的一段經典故事。某天，一群人拉著一個正在行淫的女子來到主耶穌面前，要祂用律法來判定那女人的罪行，並且號召眾人用石頭把她打死。那群人鬧哄哄地把女人拖到街市上，要主耶穌說個明白，該怎麼審判。然而我們這位主子老兄也是很帥，旁邊一群人等著聽祂講話，鬧成一團，祂卻靜靜不搭腔，拿著樹枝在地上畫畫。稍過片刻，淡淡說出一句：「你們誰是沒有罪的，就用石頭把她打死吧。」這話一出真高明，讓原本在一旁等著看熱鬧的人都糗了，因為沒有一個人是完全沒犯過罪的，於是那群人一哄而散，留下主耶穌與那行淫的女子。耶穌對女子說：「我也不定妳的罪，將來妳不要再犯罪了。」於是女人逃過了一劫，而這段歷史也清楚記載在《聖經》當中。

顧左右而言他的本領，我當然不能以自身經歷和主耶穌相比，畢竟祂是神而我只是個凡人，但運用的道理是我們在職場上需要操練的本領。或許不是每個人都認同我的做法，覺得我太矯情，幹麼不直接開罵回去，讓對方知難而退。但我實實在在地告訴你，練就一身「裝白痴」的本領，絕對不是我第一天就會的，我也是歷經千千萬萬次的硬碰硬，搞到自己明明說的是實話卻還被黑的窘境，在痛苦萬分的經歷中一次次跌倒又爬起來，才能有今天這樣輕鬆自若的「裝白痴」成就。你以為容易，那你來裝裝看就知道了。

總而言之，汙穢的言語一句都不出口，只說造就人的好話，讓聽見的人得益處。假如做不到裝白痴，你可以選擇沉默，面對你不想搭理的人微微笑而不衝突，也是展現氣度的大好時機。

《聖經》經文——Holy Bible

「文士和法利賽人帶著一個行淫時被拿的婦人來，叫他站在當中，就對耶穌說：夫子，這婦人是正行淫之時被拿的。摩西在律法上吩咐我們把這樣的婦人用石頭打死。你說該把他怎麼樣呢？他們說這話，乃試探耶穌，要得著告他的把柄。耶穌卻彎著腰，用指頭在地上畫字。他們還是不住地問他，耶穌就直起腰來，對他們說：你們中間誰是沒有罪的，誰就可以先拿石頭打他。」（〈約翰福音〉8：3～7）

職場打怪心法——Mindset

職場上總會遇到某些你不喜歡的人，明知他在挖坑給你跳，而你很正直，遇見不平或不舒服的事自然會脫口罵回去。但是我們可以維持住平穩的狀態，不爆粗口，不與其爭辯，顧左右而言他。「裝白痴」這招未必人人都認同，但適當地運用，可以靈巧閃過一些窘境，有時是最好的操練。

STORY 19

背黑鍋的可憐友：少寫一個0，工作也歸0

偶然聽見一位媒體朋友的故事。她曾在某次撰寫客戶的文字作品中少寫一個「零」，稿子發出前，主管校稿了，總編輯也審過了，但那天似乎烏雲蓋頂，沒有人抓到錯誤，那個細節裡的魔鬼就像躲在暗中，悄悄恥笑著這群被蒙了眼的人。

後來，客戶決定終止當年度的預算。其實這個決定並不完全是因為那個零，而是醞釀了許久，在多方評估下，早就決定將當年度預算交給另一家價格與曝光機會都更優渥的媒體。在這個當口，這個零正好跳出來攪局，於是把失敗推給這個零是最輕鬆的了。這件事情需要有人被開一槍，而禍首自然是職位最低的那位朋友，她因重大業務過失而被辭退。然而總編輯和直屬主管卻一點事都沒有，持續坐在高位上舒適地過日子，因為已經有人受到懲罰。

這件事情你怎麼看？活該那位朋友不檢查稿子，被辭退是應該的？總編輯和直屬主管沒檢查到就放行稿子刊出，為什麼沒有連帶責任？我想，這件事情沒有正確答案，去回溯也沒什麼營養。事情過後，被打擊到谷底的這位好友，就像完全被摧毀似的，開始懷疑自己、否定自己，覺得自己是個帶著汙點的罪人，這一生難以再從那個挫敗中站起來了。她心裡也曾吶喊著：為什麼那麼不公平？為什麼大家都有錯，受罰的卻是我？

每個人的職場生涯中一定多多少少有過類似的經歷。自己當然也有疏失，但不光是我一個人的錯啊！然而，更多的不公平、藏在黑暗裡見不得光的骯髒事，都嚴重一百倍。你很難遇見一個一百分的環境，但要做的是面對那件事情所帶來的祝福：可能是下次一定要小心，可能是更透澈地看懂了人心。苦難所帶來的，絕對不是只有摧毀而已，而是要祝福你走進另一個不同的領域。

對於這件事情，我給朋友的勸勉是：

1．誠心面對犯錯的自己

不去管其他連帶責任的人為什麼沒有受罰，自己錯的部分就承認。那些未受罰的人，可能因為這個被開刀的「祝福」沒有降臨到他們身上而鬆懈，當下次不再有人能背黑鍋，他們或許也會遭遇同樣經歷。當然，他們也許有著裙帶關係，永遠都不會被開刀，但是這都與你無關，每個人都有自己的功課。

2・認清自己的價值

或許，你曾做對一百件事情卻沒被誇過一句，只因為做錯一件鼻屎大點的小事就被判了死刑，在你看來很不公平，但是回到工作的原點，把事情做好本來就是基本的，不是為了被誇讚而做的。那一百件做對的事情一定存在著價值，你絕不是個廢物。那些你以為一直在恥笑你的人、你以為再也爬不起來的自己，事實上都是自己想像出來的。別人其實也很恐懼，這件事情或許能帶給他們祝福：行事要謹慎。

3・找回工作的初心

還記得你第一次進入職場的那種興奮、那種恐懼、那個卯盡全力想要燃燒熱情的自己嗎？當時的你，單純只是想讓許多精采的故事透過自己的文字而被報導出來；光是看見一個個故事登上版面就很開心……還記得那個自己嗎？試著去把它找回來。

先誠實承認自己的問題，接納不完美的自己，然後把這個「重擔」交出去。關於別人的問題，他們有各自的功課，不是你需要承擔的。你需要做的，是纏裹那個受傷的自己，並找回初心。若你已經悔改、認錯，那就再也沒有人有資格審判你。舊事已過，都變成新的了。

當你勇敢站起來，找回起初那個充滿熱情的自己，你會發現，其實汙點不再困擾你，它將成為使你變更好的基石。

《聖經》經文——Holy Bible

「我們若認自己的罪，神是信實的，是公義的，必要赦免我們的罪，洗淨我們一切的不義。」（〈約翰一書〉1：9）

職場悔改心法——Mindset

探討別人的問題既沒營養，也與自己無關。先坦承自己的問題，並找出這件事要告誡自己的是什麼，然後找回工作的初心。人最怕的不是貧窮，而是沒了信心與信念。走投無路時，不如抬頭仰望天，雖然前方是絕路，但是希望在轉角。

STORY

20

給職涯迷途的你①：作夢之前，先讓經濟自由

「第一次做的陌生業務開發，就是勇敢去搭訕電視臺的總機小姐，想辦法問到製作人幾點會來，結果還真的讓我得到了第一份工作！」

高中時期，我念的是表演藝術和編劇導演，懷抱著電影導演夢，畢業後從故鄉臺南北上。沒有人脈的我，沒頭沒腦地抱著履歷在電視臺節目製作公司門口傻等，期待能遇到當時知名綜藝節目《龍兄虎弟》製作人賴勛彪先生，結果「天公疼憨人」，讓我遇上製作人，遞上履歷毛遂自薦一番，最後得到一份電視臺節目製作助理的工作。

節目製作助理要從訂便當和發觀眾通告開始學習。訂便當是件不省心的事，誰吃什麼不吃什麼、加辣不加辣、吃不吃牛肉、誰在減肥不能吃油炸……都要銘記在心。而發觀眾

通告，就是打電話到大專院校，邀請同學來攝影棚看錄影。當時我經常發到「爆棚」（只有二百五十席卻坐到三百人），老闆覺得我好勝心強，給我取了個英文名Winner，也就是「溫拿」的由來。

然而那些年，臺灣電視節目非常不景氣，許多大製作人紛紛前往中國發展，於是我失去了工作。讀藝術系在臺灣生存不易，電視臺同事中有念歷史、化工、英文，而我念藝術的路卻相對的窄，其他行業的企業主也不太用我。然而現實生活總會讓你不得不低頭，那段仰賴臺灣第一張現金卡「喬治瑪莉」（George & Mary）過活的時光，我不但沒有收入，還欠了一堆卡債，於是教會我一件事情：作夢之前，先讓經濟自由！

我下定決心去做點改變，報了大學聯考，目標是「經濟」「會計」「企管」商學系。這個轉變對於完全沒有商科背景的我而言非常困難，我花了整整三個月的時間專心讀書，把公式當劇本背，總算給我考到一個還不錯的大學企管系。入學那一年，我比應屆同學整整大了七歲。就這樣半工半讀一步一步走，大學畢業那年，我在淘寶臺灣館擔任公關發言人。

我始終沒有當上電影導演，但誰說夢一定要圓在某個領域呢？我後來的職場生涯，或許比拍上任何一部電影都更加精采。我的編劇導演與影像統整的技能，雖然沒有在娛樂圈發光發熱，卻意外在我所任職的科技業凸顯出自己的特別。我可以帶著攝影師遠赴中國拍攝臺商的創業辛酸，也可以到東港漁船上拍攝黑鮪魚捕獲。而我的舞臺劇經驗，也應用在記者會的搭臺、燈光、音響、布景陳列。這個導演夢早就圓了，只是換了一個領域，而且進化成一齣更大的戲，叫作「品牌」。

我曾經短期創業，從事藝人經紀人的工作。那段時間有件事情讓我看得很清楚：人會不會紅，與長相、努力、才華沒有絕對的關係。那彷彿是命，有些人長得普通，歌也唱得普通，但就是很有觀眾緣；有些人拚命幹活，但就是不會紅。當時我跟我的藝人說：沒關係，我們在其他項目上投資自己，去做歌唱比賽評委、去代言服裝、去開餐廳，或做教育，在其他項目賺到錢，然後每年固定讓自己圓夢，出一張唱片。這樣的勸說，說服了我當時的藝人。說也奇怪，在他不執著之後，其他所有非本業的項目全部賺大錢，他也意外成為歌手們尊稱為老師的大製作人、評委，後來還成了紅極一時的知名科技公司老天×娛樂董事。

再舉我自己的例子，我也曾有許多年一直想去念東吳大學法律碩士班，但礙於時間和金錢的考量，這個夢想始終沒有實現。很意外的，數年之後因為長輩推薦，我進到東吳演講，擔任老師。我沒念過政大，卻也成了政治大學廣電所的業師，這些都是比我原本的夢想更大更好的事。

「人一輩子只要做好一件事就功德圓滿了。」

「做一個好公關，讓臺灣的精采被看見！」

前者來自我的編劇老師李國修先生；後者來自我的職場恩師游士逸先生。我一直記得兩位對我說的話，所以每當遇到挫折，就拿出來朗誦一下，能夠再給自己一些前進的力量。

即使條條大路通羅馬，但經營任何夢想之前，必須思考能否同時兼具經濟富足。現在的我，仍然繼續圓著我的導演夢，每一個品牌都是一部美好的電影，而我們都在其中扮演著重要的角色。

《聖經》經文——Holy Bible

「沒有異象，民就放肆。惟遵守律法的，便惟有福。」（〈箴言〉29：18）

職場轉型心法——Mindset

很多人羨慕李安，在他成名之前，妻子養家，讓他持續作夢，造就了國際大導演李安。但這世界上有多少位李安？你的才華到底是你自認的才華？還是市場認可的才華？坦白說，這件事情就像在賭博。擇善固執沒有對錯，但不願面對現實就會摔得鼻青臉腫，到時還是得摸摸鼻子去重新面對。與其這樣，不如張開雙臂，擁抱上蒼的帶領，或許禱告，或許聽勸，或許你會遇見超越所求的美景。

STORY

21

給職涯迷途的你②：捨棄藝術家性格的固執與驕傲

接續上一篇文章講到職涯受挫的經歷，我想再談談「固執」這件事。固執，常常是有著濃濃藝術家性格的人會擁有的附加產品。我曾在某個公益組織擔任網路社群總編輯。要做到讓用戶有感的社群經營，需要在活動進行的當天或當下即時發文，一旦參與者在FB或活動報導裡找到自己，便會開始與這個社群產生連結。但難的來了，因為是公益組織，人人都不支薪，也沒什麼由上對下放指令的權柄關係。每次活動當下急需發文，卻常卡在擔任攝影的夥伴對於相片美感要求特高，一定要修片與再三檢查才放行。等他挑到滿意，也修好了片，活動都過了一週了，參與者對活動的熱情熄滅，再發文也別指望有什麼火花。

這樣的「固執」，其實不只在別人的身上上演，學藝術的我對於這種為「情懷」而堅持的固執，超級有經驗。當時的我心中有個澎湃的情懷，就是一定要在影視圈當到「大腕」，拍出厲害的電影，做出高收視率的節目。然而正如上篇文章所述，那些年臺灣影視業的風向正在轉變，當時在一家赫赫有名的製作公司上班的我，面臨了人生第一次的失業——老闆收掉臺灣市場轉往中國發展，我便沒了工作。失業後，我不斷找製作公司相關工作好一陣子，但當時許多公司紛紛往內地遷移，實在不缺工。血氣方剛的我認為，多年學習藝術的經歷不可斷絕，死也要在藝能界發展，無論如何都不肯先到一般企業去幹個文員度日，像我這樣的「文青」才不屑！於是，我過了一段仰賴「喬治瑪莉」維生的日子。

其實在職場路上，最怕的不是成功或失敗，而是苦苦掙扎的固執。**為了某種情懷而投入工作固然很美，但那個情懷是為了讓別人投以崇拜的眼光而做？還是因為既能發揮所長又能填飽肚腹而做？**這其實是個很重要的平衡。後來，多年的職場經驗使我領悟將一份工作做到頂尖的重要原則，往往不是埋頭苦幹的熱血與固執，而是你發現到許多人正在做，卻都忽略了的細節——「差異化」才是制勝的關鍵。

走出那段固執的日子，我選擇重返校園，念一個與過去截然不同的科目「企業管理」，學習商業思維，練習如何站在用戶角度思考、如何做出讓人喜歡也能獲益的策略。看似差異很大，但其實與我過去所學的表演藝術並沒有衝突，反而加值我的職涯。學藝術使我擁有高度創意的思考能力，企業管理讓我懷抱商業思維去制定策略，我結合兩種知識，開始成為一個具有差異化的公關。我具備文字能力，寫得出活動腳本，同時可以思考具市場策略的手法，對於操作記者會、新聞議題大大加分。這些亮眼的成績，都要歸功於被逼到絕路後願意「轉念」的自己。

不要為了「掌聲」而投入一份工作。若你是為了錢、為了名氣、為了成就、為了天下誰人不認識我，那就不要幹這件事了。馬雲曾經說過：「如果當年創業是為了將來要成為中國首富，就不會有後來那個使人的生活變得更便利的阿里巴巴。」如果這個門檻你繞不過去，會非常痛苦；倘若僥倖成功了，回頭看也未必值得。

固執的過程裡，你沒有享受到歲月靜好、肚腹溫飽，反而為了達成某種目的而變得不擇手段。**固執一件「不保證會贏」的事情，常常是因為以為「只有這種選項」的內在驕傲，使得我們永遠只看到自己的需要，而不去真正關心周遭的人或消費者的需求。**真正在職場上成功的人，能夠在每件平凡事上做到不平凡，找出差異化，並且放大與實踐。

《聖經》經文——Holy Bible

「驕傲在敗壞以先，狂心在跌倒之前。」（〈箴言〉16：18）

職場轉念心法——Mindset

年輕的時候，常常會有一種想法：我一定要成為×××那樣的人，那就代表我成功了！但每個人所能承受的不一樣，把他人的劇本套在自己的人生，未必能演得跟他一樣好。或許別人的壓力換成你來承接，你早就受不了而被打趴了。我們可以有夢想，但我們未必就是最好的導演。這世上還有更重要的事情，就是與人互助合作，若我的恩賜是擔任眼睛，那我便需要嘴巴、手、腳，來與我一起完成某件偉大的事。人活著不是單靠作夢，而是在現實生活中，活出與人為善、互助，並一起完成某件大事。當那樣的日子來到，你會獲得至上的快樂，你也會發現，原來你本來的夢想，其實也沒有那麼了不起。

STORY
22
給職涯迷途的你③：如何找到你的職場「命定」？

前些日子，一位朋友跟我聊到想從現在的工作崗位離開。她所任職的公司算是臺灣數一數二的媒體，工作也平順穩定，但時間久了，就是少了一種熱情，並不是工作內容不好，只是希望能夠換個環境，重新找到動力。

我問她上一份工作離職前是否也有同樣的感覺？朋友說沒錯，每隔一段時間，就會對工作產生許多不確定感，不知道現在在做的事情是不是自己「命中注定」的職業？有沒有更好的路值得去試試看？年紀愈大，這種恐慌會愈嚴重，特別是到了三十歲，不確定感更大。完全可以理解朋友的感覺啊！要如何找到自己的天職呢？那是一種生在世上的強烈使命，讓自己縱使在挫敗時仍保有熱情，繼續走下去。

《聖經》上有一段話我一直覺得很有道理：「沒有異象，民就放肆。」「異象」（Vision）

原指由神而來的啟示與帶領，也可應用到對未來生涯的看法，這個概念在人生中非常重要，我也不是第一時間就找到自己的異象。剛出社會工作的前幾年，我曾在電視臺做專題節目的記者，兩年內訪問近百位白手起家的企業家。我不停聽著這些成功人物的故事，整理出一個邏輯：**他們的成功關鍵裡，似乎都有一個異象，而且不約而同的一樣，那個異象始終扣著兩個字，就是「利他」。**

從來沒有一個受訪的業主告訴我，創業是因為將來想要當首富，幾乎每一位企業家的創業原因都是，希望透過自己的服務幫助這個世界變得更好。這個「幫助」說起來籠統，但在我最後一次的採訪當中，遇到一位汽車輪胎集團的老董事長，由於他的分享，我下定決心要去尋找自己生命中的異象。我問那位老董：為什麼會從事輪胎業？他說了一個故事給我聽：

「阮細漢時，阮阿爸是修腳踏車的黑手，每天跪在地上，全身髒兮兮地替客人換輪胎、補胎，但他是個很有骨氣的阿爸。阿爸說：雖然我們補一個輪胎皮才賺五毛錢，但每個五毛錢都乘載著一位騎車者的生命，如果沒有補好，害那個人騎車摔死，一個家庭就完蛋了。」

這位老董的父親，從小就教育他們，不論金額大小，總要以客人的生命安全為首要任務。這個觀念自小就根深柢固種植在他的心裡，直到長大開始經營自己的事業，便將父親教育他「愛人如己」的異象當作經營事業的異象，而事業的成功其實只是順便而已。

這個訪問也轉變了我的職涯，我開始深刻思考：我不斷寫著別人的故事，但我似乎沒有身在任何故事當中，或去成就任何事情，於是我毅然決然辭去電視臺文字記者的工作，投入另一個產業，從無到有去經營一個屬於我的故事。那時，正好是電子商務產業崛起，我很幸運地進入紅極一時的淘寶臺灣館總代理網勁科技，遇到帶領我從事企業公關工作的師父——游士逸先生，展開我的公關人生，並且一做就是十七年。擔任企業公關的異象是什麼呢？二十出頭剛做企業公關的我，第一次要到中國出差，他勉勵我：「不要害怕，因為妳要做很大的事，就是讓臺灣的精采被看見！」此後這句話成為我生命中重要的座右銘。

爾後，當然我也換過工作、跳過槽，但是那個異象卻成為我始終堅持在這個職涯上的關鍵力量。每當看見自己操作的品牌因為我撰寫的稿子被報導，或我的學生上完課後知道如何與記者溝通，並將新聞資訊透過媒體發布，我就感到非常快樂。這就是異象帶來的力量，像是一種肉身雖會衰殘，但靈魂永不滅的感受。工作方法人人不同，但異象與理念是可以延續的，那是一種生生不息的存在。

我想鼓勵不論在職涯上受挫的你，或者正在尋找自己天職的你，找到自己的異象，可以讓你在辛勞或衰敗的時候拉你一把，撐著你的不會只是工作本身。信念，會帶著你走過許多難關。

《聖經》經文——Holy Bible

「因為全律法都包在愛人如己這一句話之內了，你們要謹慎，若相咬相吞，只怕要彼此消滅了。」（〈加拉太書〉5：14）

職場轉職心法——Mindset

即使受挫、失敗，種種的自我懷疑與不確定感襲來，「異象」會使你仍然保有熱忱、度過難關，成為支撐你的關鍵力量。我從事公關工作多年，最常感受到的是

「寂寞」，這份工作大多是一人團隊，鮮少有整個公關部門，常常是自己最後一個關燈。慶功宴時，業務部、行銷部都有一整群人歡度，而公關卻總是只有我一個人。我有沒有因為寂寞，因為一人奔走在海外出差，因為走不下去而想要放棄？當然有。每當我失落，總會想起游士逸師父對我說的話：「讓臺灣的精采被看見！」這句話常常在我快要走不下去時，跳出來拉我一把，帶我繼續前行。

STORY

23

給爺們小姐的妳：美麗，是人生的職業道德

某次與藝人朋友劉畊宏聊天時，聽到他說：胖，是沒有職業道德的。身旁聽到這話的女孩們頓時覺得壓力好大。其實，他要表達的是，身為藝人如果不維持好身材，那麼對於觀眾與自己的工作，都是沒有職業道德的表現。我覺得這段話說得不錯，不管是擔任藝人，或是身為一個普通人，都可以作為借鏡。

我的職場生涯中，常常會遇到一種女生總是活得很「爺們」，不僅打扮「爺們」、說話「爺們」，連體力和能耐都「爺們」。她們是一群努力工作的人，在負責的項目上盡心盡力，在公司裡也出錢出力，時常自己掏腰包買點心跟同事分享，連搬重物、換飲水機大桶水這種要使大勁的任務也當仁不讓。說起來，這樣的女生應該人人都喜愛，但奇怪的是，她們並不是那麼快樂。她們常常覺得自己付出好多，對同事很好，幹活總是跑第一，特勤

快，但有好康的卻不是自己第一個享受，男同事也未必最尊重她們，反而對某些講話輕聲細語、每天打扮漂亮的女同事獻殷勤，老是看不到這些「爺們小姐」。

某天在一個會議上，聽見大老闆們交談「酒店文化」，笑談臺北市哪條路上有制服店、哪間酒店小姐的服務特別好之類的幹話。而這時，公司裡的某位爺們小姐開始答腔了：「老董，你講的那間酒店我去過，店門就在忠孝東路上的某個大樓隱密處，裡面還會玩上空秀。」這讓一旁的我著實捏了把冷汗，心裡想著：妳大小姐幹麼要在這樣的事上卡一腳啊？去過酒店、看過男人與酒店小姐玩上空秀，有這麼值得嚷嚷嗎？這樣的經驗並不會為妳的升等考績加分，男人也未必會用尊重的眼光來看待妳呀！

坦白說，某次我到上海玩，當地一位姐妹是政府高官之女，為了顯擺財力，請我們去當地的牛郎店，雖說那是十多年前的事了，如今我還記得中國鴨店的「下一頁」文化：妳坐在位子上，領班帶來一群男公關，一排八個，看到喜歡的可以點名讓他留下；如果這一排都沒有一個看順眼的，就喊「下一頁」，馬上又亮出八個不同款的男公關任妳挑選。說真的，當下我若將這樣的經驗跟那些男人分享，應該可以讓客官們覺得稀奇有趣，但我幹麼要跟他們講啊？這也不是什麼光彩的事情。

會議結束後，我邀請那位爺們小姐一起到附近吃中飯，語重心長地對她說：「親愛的，跟妳講些話妳別生氣啊！我覺得妳活得太『爺們』了。剛剛會議上，妳幹麼要跟那些男人分享妳去過酒店的事？妳就是個女孩，該有女孩的矜持與內涵，討論酒店文化這種幹話，讓他們男人去說，我們不需要在那種時候表現得什麼都懂、什麼都有經驗的模樣吧？當個女生的最大優勢，就是得到疼愛，走到哪裡都像公主一樣被對待。」那位爺們小姐知道我是真心善意，也直白地說：「我的個性一直就是這樣，況且我也不需要外面的人疼愛我，只要我的男友老公疼愛我就可以了！」聽她這麼說，我也收起接下來想講的話了，其實這位爺們小姐並沒有男友老公，我更擔心她這樣大刺刺的性格，有時比男人更男人，何時才能遇到專一疼愛她的伴侶呢？

看著這位爺們小姐，我十分心疼。她在公司裡扛著很重的業績，非常努力地開發客戶，嗓門總是很大，坐得老遠的人都能清楚聽見她在電話裡幹譙的內容。但她也頗受傷，男同事沒有把她當個女孩，遇到某些要搬重物的活也不會主動幫她，因為她表現得什麼都會、什麼都能。外表看似強大的人，其實內心格外脆弱。偶爾沒有得到關注，就有種被遺棄的感受，認為自己不受重視，然後更是努力表現。如此一來，就像是惡性循環，她不斷地付出，卻也不斷地受傷。即使別人並非有意要傷害她，但她就是會在許多極微小的事情上難過。

個性比較男子氣概的女生，總會瞧不起職場裡那種嗲聲嗲氣、裙子穿得爆短、連扭瓶蓋都幹不了的女生。爺們小姐會覺得她們「賤人就是矯情」，但那些「賤人」卻總是擁有爺們小姐想要的一切：男同事會幫忙買午餐；休息時間會圍過來說笑話，逗她開心；永遠不用去搬很重的飲水機大桶水；只要撒個嬌，就會有人給她搭便車，即使不順路。這些行徑在爺們小姐的心裡很不是滋味，但是，幹譙那些「就是矯情」的賤人前，我想說的是：

「女孩，妳盡了自己人生的職業道德了嗎？」

我們生來就是個女孩，我並沒有什麼女權至上或男女就該平等的思想。但不得不說，女生在體力和外顯狀態是比男人弱的。這樣的我們並不可恥，當一個女孩最大的優勢就是可以把自己打扮得漂漂亮亮的、身上總是香香的，外表和衣著未必需要華麗，但一出場就是乾乾淨淨，讓人感到舒服，讓人記得妳散發出的魅力……這些都很重要。

我覺得作為一個女生，秉持謙卑做事、昂首做人的態度很好，不需要在每件事上都逞第一。其實，**當個看似弱者的女生也未必就是弱者**。不是有句話這麼講：「溫柔刀，刀刀割人性命。」用爺們小姐比較能接受的說法來解釋，就當作是憐憫這些男人需要有機會表現自己的英雄氣概，適當地退讓，適時地求助，有些時候，更能成全男人更像個男人，生出更多強大的自信心與保護慾，同時也是在幫助他們成為英雄。

雖然我在職場上的封號叫作「溫哥」，近幾年甚至有人喊我「溫爺」，但你很難看見我穿褲裝，我幾乎永遠穿裙子並踩著十公分的高跟鞋，上班前要上髮廊吹個亮麗的造型才進辦公室，工作上我積極努力做到最好，但搬重物和扭瓶蓋這種事我才不幹，因為我的鞋跟很高，搬重物會傷到，抱歉我做不到。這樣的我，你會覺得「賤人就是矯情」嗎？好吧，就算你會，我也不在意，因為我對自己生而為女人的職業道德負責了。上帝讓我當一個女生，也沒有讓我生來做個瓦斯店老闆的女兒，我不必非得扛瓦斯桶，我想當一個被呵護和疼愛的公主也沒什麼錯吧？你知道藝人范冰冰的封號是「范爺」嗎？那麼細皮嫩肉、仙風道骨的女子，為什麼稱作「爺」呢？因為她把自己活得極美，錢賺得極多，隨時隨地都在敷面膜，保養臉蛋和身材，**讓自己就是豪門，而不指望嫁入豪門，這才是我認為「真正的爺**

們小姐」！

那次午餐的懇談之後，我不再對那位爺們小姐語重心長了，我改用另一種方法：帶她去我常光顧的服裝店。我請熟識的店長為她挑選她從不買的粉紅色，為她配搭樣式溫柔的裙子，為她選了雙色系溫和的高跟鞋，讓她看見鏡中的自己可以如此明豔動人。爾後我發現她開始有些轉變，變得愛漂亮，逛服裝店時會拍照給我，問我要買哪一件好。曾是爺們小姐的她，終於開始把焦點轉移到對自己好的事情上：給自己買條好看的裙子讓自己開心，以漂亮的穿搭拜訪客戶，收到客戶的稱讚。高跟鞋和裙子真的有魔力，穿上這些會使妳的說話聲音不自覺地變小，儀態也會隨之溫柔起來。她的這些轉變讓我覺得投資在她身上的時間和心意沒有白費，也令我很喜悅。

這篇是寫給我自己，也寫給職場上的爺們小姐。人人總是高喊著愛自己，但做什麼事情是真的愛自己？我認為就是要明白自己生而為女人的職業道德是什麼，明白上帝對女生多麼疼愛。《聖經》中寫到，神用地上的塵土造了亞當，卻用亞當身上的肋骨造了女人。男人是用土做的，而女人是用肋骨做的，一比之下就知道哪個貴重了不是嗎？女孩們，記得要對自己好。讓妳的存在，成為城市裡的精采，成為街道上最美麗的風景。

《聖經》經文——Holy Bible

「這是我骨中的骨，肉中的肉，可以稱他為女人，因為他是從男人身上取出來的。」

（〈創世紀〉2：23）

職場公主心法——Mindset

親愛的公主們，請先愛自己。妳都沒有珍惜自己，又如何讓別人來珍惜妳呢？妳當然可以活得很「爺們」，那是財務上的自由，那是自己買得起好車，那是購物時不需要看價錢的本事，但不需要在行為舉止上像個爺們。最寶貴的，就是在妳活得很爺們的時候，還是有許多人覺得應該要呵護妳、疼惜妳。妳是何等珍貴，只是妳還沒發現而已。

STORY

24

害怕升主管請看：你有被討厭的勇氣嗎？

「我覺得你獨力完成專案的能力很不錯，所以我想提升你擔任部門小主管。」ＩＴ部門主管對一位總是默不吭聲、常窩在邊邊角角的工程師這樣說。

「呃……謝謝你，可是我沒有打算擔任管理職，我想在原本的職位就好了。我不想跟同事變成主從關係，這樣的話他們就不會再跟我當朋友了。」

這是一個真實事件，發生在我閨蜜的工程師男友身上。男友的主管看他對工作認真負責，即使不是領袖型人物，沒什麼影響力，但「穩定度」算不錯。基本上工作都處理得算好，但鮮少動腦，於是主管想栽培他，帶領他到更高的位置，這人卻抱怨：

「升個小主管，薪水加不了多少，責任卻變得非常重，要帶人、管人，還要承擔部門壓力，何必呢？維持現狀就好了。而且當上主管之後，同事就不會真心跟我做朋友了，我們現在不是也時常在說主管的壞話嗎？我可不想之後成為別人說嘴的話題。而且我跟你們說，我們公司……」

得到主管提拔升官，不是一件美事嗎？怎麼到了這人身上，全變負面？還以抱怨的口吻長篇大論？其實在華人的成長環境中有一個大問題，或許與家庭教育有很大的關係。當別人誇獎我們、讚許我們，爸媽就會補上幾句：

「哪有啊！你都不知道，他連房間也不會整理，早上睡到爬不起來，上學都遲到……」

「不要誇他，這死小子會囂張起來！」

總而言之，就是不能用一句「謝謝」來接受讚美，好像承認自己很優秀是一種罪過。

這個工程師對於部門主管邀請晉升的回應，不是考量工作上的自我能力是否達標，或是針對未來該如何帶領團隊提出策略性問題，而是害怕衝突、缺乏被討厭的勇氣，因此拒絕了一個好機會；相對的，這樣的回應也讓原本看好他的主管對他大大扣分，慶幸當時沒有提拔這個人擔任要職。

有一句話說：「專業是訓練有素的狗。」簡單的事重複地做，做久了就會成精，但是缺乏自信，內心充滿恐懼而拒絕長大，沒有承擔責任和挑戰新事物的勇氣，是不行的。我們的生活中，每天都有許多的未知要去面對，選擇改變是一種會痛的過程，但可以預料的是，改變後的收穫絕對是改變前的自己所無法想像的。

另外很重要的一點是，正面的溝通比背地裡的抱怨來得有用太多，**真正對團隊有貢獻的人能真誠表達建議和想法，不會害怕破壞關係而逃避溝通。**若領導人對這種害怕被討厭而逃避溝通的夥伴，愈是給予信任和權責，反而愈是助長他成為一顆未爆彈——因為「不真實」。每個人都想被認為是個好人，做好人可以，但是請不要濫。取悅人很簡單，取悅下的關係絕對可以維持和平，但組織狀態就會一直沒有進步。

首先，要學習不害怕面對衝突，訓練解決問題與拒絕的能力。若夥伴對你的期待超過自己所能，要清楚地拒絕，不要模稜兩可；並且公開討論或糾正，提出改善方針，而不是只用私下抱怨來等待問題被解決。再來，提升自信心很重要，會有這樣的情況多半是對自己沒自信，所以不敢嘗試未知的事情。因此，強化專業能力與領導力，也是幫助自己改變的力量。

改變是會痛的成長，不變是痛一輩子的幼稚。當你願意成長，全世界都會來幫助你，但啟動你長大的那個按鈕，就在自己身上。

《聖經》經文——Holy Bible

「我如今把一件奧祕的事告訴你們，我們不是都要睡覺，乃是都要改變。」（〈歌林多前書〉15：51）

職場升官心法——Mindset

承擔責任，是一生都要學習的功課。身為學生，就是盡可能把書念好；身為員工或領導人，也各有其需要負擔的責任。我當然明白，在習慣的舒適圈裡有多麼愉快，但生命中我們總必須去扮演許多不同的角色。難道不想付出更多金錢，就不願意結婚養小孩？難道不想承擔孝順父母的責任，成年之後就和父母斷絕關係？逃避永遠不是解決問題的方法，上帝不會給人大過他所能承受的困難，你所面對的新難關，在那個時間點就是要拉你成長的契機，面對它，就能往下個階段邁進。

STORY

25

公司領導人請看：開除未必是最好的解法

「有些人什麼都不會，只是比較會投胎。胎投對了，當個廢物也不會餓死。」

某天在客戶的員工臉書上看到了篇發文。這客戶是一間公司的老闆，我大略知道他公司裡發生的一些事，加上我對那老闆個性的理解，掐指一算，可以推算到，這個員工離「被資遣」將不遠矣。其實老闆並沒有加員工的臉書，為何我預測會被資遣呢？難不成是我去告狀嗎？固然不是，而是心態。稍稍滑幾頁這員工的臉書便可看見幾乎全在罵老闆、罵公司，彷彿所有的錯都是別人的錯，這種心態「將會」是個大危機。至於老闆的性格，我相當了解，他會把一些看不順眼的事情一直忍，忍到最後爆發了，無法收拾。這兩人的問題在我看來，其實就是擺放的位置和方法都有調整的空間。

這老闆從小在國外讀書，長大後回臺經營家業。一貫的美式作風和充分授權，源自於他「以為」員工都是成年人，「應該」會好好自我管理。而那員工是個微笑小姐，雖然面對上頭交辦的指令從不婉拒，但時常懸而未決，笑著拖著就過了半年，啥也沒幹成。這樣的情況在我看來可能是性格使然，這類型的員工不太適合處理需要調度、具備彈性，或開發型的任務。但從她面對老闆和客人永遠保持一貫的笑顏來看，也不失為一項優點。或許因為老闆給的彈性和空間太多，派發的任務也不是她所擅長的，她生出許多胡思亂想的時間和空間，於是在茶水間向同事數算那些因為自己「不擅長」而認為老闆很廢的抱怨。

難道沒有一種員工，能力強、做事快，完全不用老闆操心就幹得很好的人才嗎？當然也是有。但畢竟一樣米養百樣人，同一種管理方式也不能適用於所有人。遇到可以獨當一面型的員工，要給予的就是充分授權和完全信賴，員工有了好表現後真誠地讚美，會使這類型的人益發成長，得以勝任更大的任務。

也有少部分的員工像前面提到的微笑小姐，雖說私底下會講點黑話，但檯面上絕不口出惡言，擁有這般能耐也是挺厲害的。面對這樣的人，就不適合給予需要太多彈性的任務。或許可以交付變化性不大且重複性較高的項目，具體訂出每日必須完成的數量與內容，避免因為給太多彈性而使這樣的員工想東想西，進而抱怨，應該也不失為一種好的管理方式。

其實，企業裡的每個角色都不容易，沒有人生來就什麼都會。一個成功的領導人應留意的是，管理和授權的方式要因人而異。用不同的方法培養不同的人雖然很累，但經營管理本來就是一門不容易的學問。開除不聽話且看不順眼的員工，的確是最快速又最簡單的解法，然而，**總不能每次都用開除來解決問題，若類似情況經常重複上演，就必須思考人才配置與任務分派是否出了差錯。**

《聖經》提到，上天賦予每個人的才幹皆不同：一家公司可以比喻為一個身體，公司裡有些人擔任眼睛（拓展局勢），有些人是嘴巴（推廣業務），有些人是手或腳（管理行政），肢體各有不同的用處，當每個人都把自己的角色做好，並與其他肢體合一，整家公司就能發揮美好的功效。

此外，不論領導人或員工，在職場上多少都會遇到挫折，但是發生任何事之前記得先止住怒氣。當老闆的不要輕易在員工面前大發雷霆，員工也不要在領導人背後說長道短，這是本分上的自律。

當下次又察覺到某個肢體沒有做出合宜的表現，先冷靜下來觀察，是不是擺錯位置？有沒有調整的空間？倘若每次都因為不合宜就砍掉某個肢體，時間久了本體也會受傷。

《聖經》經文——Holy Bible

「我憑著所賜我的恩對你們各人說：不要看自己過於所當看的，要照著神所分給各人信心的大小，看得合乎中道。正如我們一個身子上有好些肢體，肢體也不都是一樣的用處。按我們所得的恩賜，各有不同。或說預言，就當照著信心的程度說預言，或作執事，就當專一執事；或作教導的，就當專一教導；或作勸化的，就當專一勸化；施捨的，就當誠實；治理的，就當殷勤；憐憫人的，就當甘心。」（〈羅馬書〉12）

「眼不能對手說：我用不著你；頭也不能對腳說：我用不著你。若一個肢體受苦，所有的肢體就一同受苦；若一個肢體得榮耀，所有的肢體就一同快樂。」（〈歌林多前書〉12）

職場用人心法——Mindset

每個人各有不同的才幹，企業裡也需要不同的角色，準確且專一地各司其職，領導人和經營者也是，管理的方法和授權的多寡必須因人而異，不能總是以「開除」來解決用人的問題。這個故事裡的狀態，不只在某家公司上演，而是在許多地方都正在進行中。想要改變現狀，必須有策略和方法，一味的開除或找新的人，或許是當下最快的解法，但是同樣的問題會不斷重演，到頭來還是得面對。

STORY

26

職場用人潛規則：開除或留下，如何評估？

雖然我沒有真正自己當過老闆，但偶爾需要面試助理或帶領年輕夥伴。一直以來，我都算是個頗仁慈的主管，雖然要求嚴格，但對夥伴向來都是提攜、成全、不藏私。然而前幾年，我曾開除掉一位夥伴，坦白說，這個孩子是我歷任助手中相對聰明，學歷和外語能力也十分優秀的人才，我花費心思栽培她。但是，「聰明」並沒有保住她的飯碗。某幾次專案中，那孩子用撒嬌策略，向我的客戶討了一個沒有事先跟我商量的「特權」，爾後我知道那件事情，她的回應居然是「客戶都已經同意了，妳何必那麼在意」的態度，實在是個不太可愛的記憶。

經過幾次交辦任務無法配合的事件後，我們終止與她的合作。這樣看來，我很無情嗎？或許有人會這麼認為，但是對於我或品牌而言，「隱晦」是麻煩的大忌，可能衍生出八卦，也會成為我因未知而無法適時掌控的危機。當我沒有辦法改變這個情況，遠離就是唯一的解法。

或許你會反問：上一節不是提到開除並非最好的解決方案嗎？但這裡的差異是，我已經透過深刻的溝通來處理，但對方是否聽進去？確實明白這件事情的嚴重程度？就上述事件來說，隱晦所帶來的危機有下列幾點：

1．助理私底下與客戶溝通了什麼，我並不知道。假設其中產生某些潛規則，例如桃色糾紛、不當的金錢交易，那將會是我無法事先保護或察覺的危機。事情一旦發生，我會不會有連帶責任？當然會，因為那是我帶的人。

2．助理是否確實了解，在這件事上，她的問題是沒有「權柄觀念」。所謂權柄觀念，就是獲得上位者的同意、確認、授權之後，才執行任務。我們或許很聰明，知道如何處理事情，但組織當中，若有太多沒有經過授權就直接進行的項目，便難以控管，也無法做出風險評估的保護。

解僱那位助理數月後，某天我接到她的訊息，表達自己深刻思考那件事情，理解我當時的判斷原則，同時反省與檢討，找到問題。這讓我非常欣慰，因為她完全明白我的顧慮，這也保護了她，不論將來在任何環境裡，她都會記得這樣的事情所帶給她的成長，避免再次跌倒，而我也再度讓她回到團隊當中。

《聖經》裡有段故事是這樣的：「在最小的事上忠心的人，在很多事上也忠心；在最小的事上不義的人，在很多事上也不義。」於是，「主人說：『好，你這又良善又忠心的僕人，你在不多的事上有忠心，我要把許多事派你管理；可以進來享受你主人的快樂。』」

成全一個人成長，未必是不斷給予幫助和忍讓。父所愛的，父必管教。成長是會痛的，不見得都是舒舒服服的，我們面對突如其來的風暴，需要思考的是，在那不舒服的狀態裡，什麼是我們應當學會的功課，不要讓挫折只帶來憤怒，而是要找到這個挫折要給我們的禮物，那它就會成為一個化妝的祝福，成為生命的導師。

《聖經》經文——Holy Bible

「主雖以艱難給你當餅，以困苦給你當水，你的教師卻不再隱藏，你眼必看見你的教師。」（〈以賽亞書〉30：20）

職場用人心法——Mindset

苦難從來不是生命的目的，如何勝過苦難才是目的。當遭遇某些不如意，必須思考這件事情要帶來的祝福是什麼，不要用宿命論的邏輯對自己說：「我就是倒楣，就是命不好！」那不是解決問題的方法。

非洲女權鬥士華莉絲・迪里（Waris Diiriye），曾為世界超模，著有國際暢銷自傳《沙漠之花》（*Desert Flower*）一書，更列為全球三十位女性典範之一。其人生經歷堪稱傳奇，不幸遭遇令人震驚：四歲遭父親朋友強姦、五歲接受女陰殘割（Female genital mutilation, FGM）、十三歲被父親賣給六十一歲的老頭作為第四任妻子。為了逃婚，她隻身穿越沙漠，險些葬身獅口，不懂英語，卻要流浪異國，這一切的悲慘遭遇，只因為她是女性。想起人生的這段經歷，她當然曾經抱怨：

「我不想做女人，我不明白女人為何要這麼痛苦。」而當眾說出自己的過去一度讓她感到害怕，但最後她還是決定勇敢說出這一切。正當她大紅大紫，卻放棄模特兒事業，轉為推動廢除女陰殘割的人道主義工作，成為聯合國廢除女陰殘割的親善大使。華莉絲歷經艱苦逃難，將糟糕的命運底牌重洗，最終拿到一手好牌。

CHAPTER

第 3 章

斜槓鍊金心法
——學習自我管理的藝術

STORY

27

斜槓前的暖身：你必須這樣預備自己

二〇一九年，是我的斜槓元年。

為什麼會投入斜槓一職？坦白說是命運的推動，這個意外完全不在我的人生計畫中。二〇一九年年初，因任職集團的業務變更，不得不結束高薪卻也高度賣肝的工作。我一直是個胸無大志的人，沒想過創業，也未曾有過功成名就、衣錦還鄉的遠大目標，只求月月有薪領、日日能溫飽。然而，離開名聲響亮的企業與收入不菲的工作，當下的我忐忑不安。

當時任職的企業是臺灣前十大集團。那段日子，我的內心十分掙扎，總有許多自我懷疑的聲音，甚至來自業界八卦流言的攻擊：

「妳從臺灣第一大企業離職，要怎樣找到更好的工作？」

「集團薪水那麼高，去到一般公司上班，誰出得起高薪聘請一個公關？妳的薪資在一般中小企業都差不多是總經理等級的薪水了。」

沒錯，很多很多的攻擊、嘲笑，很多很多等著看笑話的人都在觀望我的下一步會怎麼走，而我也在巨大的恐懼中不知該何去何從。在那艱困的時刻，我很感謝自己的強大信仰。整本《聖經》中，唯一出現可以測試上帝經文的段落是：「萬軍之耶和華說：你們要將當納的十分之一全然送入倉庫，使我家有糧，以此試試我，是否為你們敞開天上的窗戶，傾福與你們，甚至無處可容。」於是我這麼祈禱：

「親愛的上帝，十一奉獻是祢說的。此時此刻，我根本不知道自己的下一站在哪裡，未來的收入要如何超越過去，但我相信十一奉獻的約定。在我沒有找到任何工作之前，先用這筆奉獻宣告我的未來收入一定會有十分之十的回收，請祢幫助我！」

奉獻並祈禱完之後，我放鬆心情開始一連串的面試。果不其然，沒有任何一家公司付得起與前東家同等的薪資，然而老天爺卻為我開啟了斜槓的門——幾家企業主願意以顧問形式與我合作，每週進公司一天或兩天，以顧問費用支付薪資。那段時間，我同時獲得六個品牌主的邀請：有些規定每週固定幾天進公司；有些只要線上開會，不用進辦公室。結果，我的收入不但達成祈禱時的金額，而且還超過！收到第一個月的收入總額後，守信用的我，提撥超過十分之一拿去還給我的上帝。

我估計未來會有愈來愈多人投入斜槓的身分，但其中有許多的眉角，不是每個人都適合這個自由度高的工作方式。不少人羨慕斜槓的我，不只收入不菲，也很「自由」，以為我的日子過得比在大公司上班還要輕鬆，但其實是個大誤會。在朝九晚五的公司，早上九點上班、下午六點下班，每週還有週休二日。但身為斜槓青年的我是為自己打工，我就是給自己發薪水的老闆，所以更不能偷懶。此時，我長年來鍛鍊自律的習慣，是讓我如今得以安穩的前提。

在朋友圈裡我一直有個封號，叫作「意志力變態」。我用來鍛鍊意志力的好方法就是「早起」。我每天早晨六點起床，六點半抵達住家附近的教堂，晨讀與禱告，無論寒流或酷暑。我維持晨起的生活型態，沒人逼我，這樣做的原因是不讓自己鬆散，因為人一旦自由度高了，就會變得懶散，久了連時間管理都會出問題。自律，是我在斜槓人生中的第一個重要心法。每週服務客戶的時間都不長，在最有限的時間內做出最有效率的回應，才能達到最高的成效。

此外，斜槓還有另一個關鍵：精準溝通的能力。因為待在辦公室的時間少，精準提問能增加溝通效率，也是每個斜槓工作者的重要挑戰。懂得找出問題、收斂問題、明確定義品牌主或專案發布者想要的目標，是非常重要的原則。原本執行力就強的我，為了完成目標要自己想辦法，例如把目標拆解成多個步驟，主動整合資源，以達成目標。

那麼，到底要如何培養自律和精準溝通的能力呢？我認為養成自律的方法，是在自律中找到樂趣。一開始當然需要意志力，但過程中一定要找到動力和樂趣，否則沒過多久就會放棄。比方說早起這件事，一開始我是強迫自己爬起來，非常痛苦，然而堅持一段時日後，我在每天的晨讀中找到讓心靈獲得力量的文字，就像上帝每天早上透過晨讀給我一個禮物，令我期待明天早起去晨讀又會得到什麼禮物。這種樂趣，也像每天早上吃完保健食品，你會覺得身體變得有力量而備感興奮。

擁有精準溝通的能力，則是要訓練自己用條列式的表達去溝通，或把一件複雜的事情以簡潔的條列方式整理。更重要的是，溝通時一定要具備同理心，才能從對方的角度精準體會他在說什麼，進而讓對方覺得你真是個「解語花」。

如果你覺得斜槓的我看似輕鬆，可以一邊喝著咖啡，穿著睡衣躺在床上就把工作做完，還能賺到比一般上班族更多的錢，於是想投入斜槓，那麼我勸你先不要這麼衝動。斜槓從來就不是我的目的，而是命運推動我走到這裡。然而不論你在人生的哪個階段，我都鼓勵你訓練自律，增強溝通力和同理心，那麼無論你是斜槓工作者或是朝九晚五的上班族，都能擁有心靈和財富上的自由。

《聖經》經文——Holy Bible

「萬軍之耶和華說：你們要將當納的十分之一全然送入倉庫，使我家有糧，以此試試我，是否為你們敞開天上的窗戶，傾福與你們，甚至無處可容。」（〈瑪拉基書〉3：10）

職場斜槓心法——Mindset

我並不是為了斜槓而選擇斜槓人生，而是順應生命的劇本而走到今天。到底我的未來十年會不會持續斜槓下去？還是選擇創業？或是再次投入某個大集團？坦白說我並不確定。明天自有明天的憂慮，一天的憂慮一天當就行了。我們都不知道明天將會如何，但我們可以做的是把今天過好。鍛鍊自律與精準溝通的能力，能帶來心靈與財富的自由。

STORY

28

案子太多腦容量太少：尋求從神而來的智慧

我從事斜槓顧問的全盛時期，手上曾有高達六個品牌客戶。我沒有成立公司，幾乎是一人接案，或是把某幾個工作量較小的客戶派發助理去執行固定事項，我再做最後檢核。

大部分的客戶需要我每週固定幾天進公司。那段期間，我一早起床會陷入一陣混亂，搞不清楚今天到底要進哪家公司？今天服務的客戶是食品業還是服飾業？必須冷靜下來，才能記起今天要去哪間公司、要穿什麼類型的服裝、要帶上哪家公司的門禁卡。

那段混亂又忙碌的日子，我連週末都必須工作，心裡其實不斷拉扯。我曾想過乾脆開設一家公關公司，招聘員工來分擔我手上的品牌客戶。然而，一方面品牌公關人才短缺，能遇到靠譜又聽話的徒弟簡直可遇不可求；一方面客戶希望我親自操盤，他們擔心派發給助理會降低品質或效果。因此怎麼都想不出最好的解法。承蒙業界的抬舉，我手上的案子益發增加，始終沒有減少的跡象。然而，我的心情十分矛盾且痛苦，雖然錢賺得的確不少，背負的壓力卻是常人的六倍。每位客戶都知道我同時兼任其他品牌的顧問工作，但畢竟客戶付我錢，當然希望我全心全意服務他。每位客戶都是一個獨立的老闆，就算他們只分到六分之一的我，對於我的期待依舊是「十分之十」。

那段日子，我的壓力居高不下，而我的自信心也開始下滑，擔心客戶會懷疑我在其公司處理別的公司的事情，因此格外想做出好成績來證明。再加上，我在辦公室的時間不多，但成效不會因為時間少而降低品質。那樣的壓力好大好大，縱使我總是鍛鍊自己的執行力要快狠準，也盡可能在時間管理上維持自律，但這些壓力卻不是靠自我安慰和一己之力就會消失的。

某次開車回家的路上，我終於承受不了極重大的壓力而停在路邊大哭。我坐在車內禱告，求問上帝：

「神哪，謝謝祢那麼看得起我，給我這麼多份工作，又大大供應我的財富，但是這麼多的案件，我壓力真的太大了，幾乎快要崩潰了，請指教我當行的路，給我更多的智慧去服務每

一家不同的公司，也告訴我該如何面對我的每一天。」

聲嘶力竭地哭泣與禱告之後，我的心靈終於稍稍獲得平靜。人的智慧有限，我曾想過辭去幾家公司的項目，少接一點案子，卻又無法捨棄每個月看到存摺進帳時高昂的愉悅感，也明白每位客戶對我的依賴各有不同。說真的，我走到了不論怎麼拍腦袋也想不出解法的困境中。

當時我坐在汽車內，拿出《聖經》翻閱。一直以來，每天我都會安排讀經進度，也維持晨起出門前完成讀經和禱告的紀律。但那段時間太過忙碌，沒辦法撥出時間安靜閱讀和祈禱，腦袋總是卡在各公司的複雜專案中，容量早已超載，想不出好的解法。而那天，我在經文裡看到了出路！一處經文寫著：「當將你的事交託耶和華，並倚靠他，他就必成全。」此後，我又翻閱了相關經文，另一處這樣寫著：「一個人不能事奉兩個主，不是惡這個愛那個，就是重這個輕那個，你們不能又事奉神，又事奉馬門。」這幾段話彷彿一道大光，照入我的心裡，我突然轉念：《聖經》**說一個人不能事奉兩個主，但我現在有六個主耶！那麼若我只有一個真正的大老闆，而這位老闆就是「上帝」，事情會不會變得簡單許多？**

我們服侍地上的老闆時，總是在思考：老闆要的業績是什麼？要怎樣幫助他做到？倘若我的大老闆是上帝，那祂要的「業績」是什麼呢？祂讓我擁有接觸那麼多人的機會，我又該如何滿足祂要的呢？讀經與禱告後，我冷靜下來，完全知道接下來的路要怎麼走了。如果我的大老闆只有一個「上帝」，那麼祂所要的，就是讓更多人認識祂、經歷祂；而我是祂的業務，我所要銷售的產品，就是「福音」。這個奇妙的體驗，不可能是我自己拍腦袋想出來的。爾後，我與我的小牧師分享這個感動，小牧師也非常認同並且嘉許我——在痛苦的時候，先安靜禱告。

後來，我的心情變得輕鬆許多。雖然手上的客戶還是一樣多，工作也是滿到做不完，我的心情卻有很大的變化。我又開始每天早晨上班前與我的大老闆（上帝）會晤，先讀經、禱告，再整裝出發，面對每一個新的日子。去到公司後，我對自己每一天的提醒就是：不遲到，不早退；在有限的時間，用無限的自己來服務每個品牌；與人為善，不抱怨，遇到事情樂觀面對；遇到生活有困難或心情低落的同事，用《聖經》的話鼓勵他們，讓他們也能和我一樣，碰壁的時候尋求來自上天的智慧。就這樣，我在無意間向許多人分享我的信仰，也結交到不少好朋友。

我將這段經歷寫在書中，希望成為未來的我或各位讀者遇到困難時，可以拉自己一把的錦囊妙計。生活總是不容易，但你可以請神降駕來解惑。

《聖經》經文——Holy Bible

「當將你的事交託耶和華，並倚靠他，他就必成全。」（〈詩篇〉37：5）

「一個人不能事奉兩個主，不是惡這個愛那個，就是重這個輕那個，你們不能又事奉神，又事奉馬門。」（〈馬太福音〉6：24）

職場斜槓心法——Mindset

每個人不會只有一種角色，有些人同時是母親，是女兒，是公司的總經理，又是某個男人的妻子，面對每一個不同的自己，需要一個核心思想，就是尋求神，明白上帝要我們在這個位置上完成的任務，並透過神的智慧幫助自己在每個位置都有亮眼表現。當我們把神當神，知道自己在每個角色上真正的大老闆是誰，那麼你的心就不會混亂，因為你自始至終都有一位最有智慧的老師，給你清楚的方向，讓你知道當行的路。

STORY

29

顧問不是上帝：不要不聽話等顯靈

「那個傢伙完全不尊重專業，還老是搬出他當年做○○職務時如何如何、你的伎倆他都曉得……」

職場上難免會遇到這樣的客戶。很多客戶之所以討人厭，不是殺價或嫌東嫌西，而是他曾有類似的職務經驗，老是拿過去的榮耀來質疑正在替他操作的你。

我的斜槓顧問生涯中，曾經遇到一個客戶，是我結束顧問案件後不願再服務，也不向其他人推薦這個品牌的案例。這個客戶早年在報社媒體擔任廣告業務，離開媒體圈後，成立一個透過技術串接，銷售海外商品的電商平台。由於消費者較不易購買國外的產品，價格也不太透明，這個平台在資訊不對等的情況下穩定獲利多年，公司成立數年後想開始經營品牌，因此找上我。

與這個客戶合作為期將近一年的時間當中，我扎扎實實地經歷了深刻的「修養操練」，就是髒話幾乎到了嘴邊卻得嚥下去、拳頭都硬了卻得忍下來不揮出去的學習。與外部廠商溝通數次，也確定要合作的案子，竟然在未被告知的情況下莫名流產，這個客戶不會事先告知破局的原因，只透過第三人通知對方案子不合作了，完全沒給合作方時間去協調或外部斡旋，此舉不僅傷了品牌與品牌間的誠信原則，也讓卡在中間擔任介紹人的我深感為難。

這個客戶令人感到痛苦的原因，我整理如下：

1．用幾乎是創世紀時期的經驗來質疑活在當下的你

這個客戶早年在傳統媒體擔任廣告業務，稍稍熟知媒體的運作生態，縱使如此，他自行創業後從未善用過去的媒體經驗，創造品牌被報導的機會。

此外，他的經驗已是十多年前了，媒體生態和運作方式都稍有變化，而且他並非記者或公關出身，縱使知道媒體採購流程，未必知道記者的報稿程序與需求。即使如此，他很愛搬出這種說詞：

「我之前在某某公司服務，認識哪些哪些記者，其實只要我講一聲，他們就會幫我們公司刊登新聞。」

說真的，那你就自己幹啊，要我幹麼？

2．不管他人死活，凡事只想到自己

這個客戶只想到自己的利益，一點虧都吃不得。即使合作方的品牌比他大，依舊認為外部合作就是消費自家的廣告資源，完全不把對方的素材、創意、內容成本當作一回事。遇到不熟悉或沒經驗的合作案，就算事前都已談定，卻總在最後一刻因為害怕而退縮，最後讓案子流產。要是問他：對方因為確定要跟我們合作，已經拒絕其他同類型的公司了，該怎麼辦？他就回一句：

「那是他家的事，我有啥辦法！」

3・一副神祕高冷范兒，認為員工要有透視眼猜到他的想法

最令人受不了的毛病，就是「故作神祕」。溝通需要坦承以對，而這個客戶很大的問題就是不說出心中的想法，又或者根本沒有想法，然後丟一句：

「妳都跟我一起共事這麼久了，應該要知道我判斷每件事情的標準。」

顧問並不是菩薩或神明，能夠猜到客戶的內心想法。不清楚表達顧慮，加上沒有操作經驗，只會逼迫顧問：「要保證喔！這個案子照妳的建議這樣做，一定要有很大的成效，我才要進行。」成功了功勞歸他，失敗了全都是你錯的態度，著實令人相當痛苦。

某次，我與這個客戶坦誠溝通時，他分享了一個困擾：

「有一件事情我其實很難過，就是以前曾經在我這上班的員工，他們在職時好像不是很開心，但是換了其他工作，卻時常在臉書打卡，分享在新公司的愉快生活。可是『我覺得』我對員工也很好啊！每個月都舉辦吃吃喝喝的同樂會，讓員工上很多專業顧問的課程，為什麼

他們在我的公司卻不快樂？」

其實，這個人最大的問題就是，老用「我覺得」來評估對方，而且鮮少讚美，總是質疑。用自以為的方式，建立公司的員工福利和教育機制，卻未曾思考到人其實是感性的動物，表現得好需要被鼓勵，做錯了也需要被指導錯誤原因在哪，下次才可以改進。**一個永遠讓人猜不透的高冷范兒，跟他講話都怕得要命，過著深怕沒有猜中老闆的心思就要被否定的職場生活，對員工而言其實是極大的壓力與恐懼。**這樣的恐懼，不是用每月一次的吃點心大會，或舉辦什麼學習課程就能夠撫平的。

然而，我相信老天爺安排我們遇到某些人或某個環境，都是為了要讓我們成為更好的人。某天，下定決心要放棄這個合作之前，我把長期在這個環境所觀察到的問題、員工的困境，以及可以再加強改善的行銷方案做了統整，寫出一份完整的報告和建議書提給這個客戶，真誠表達自己無法再繼續服務的原因，準備辭去這項職務。沒想到對方並沒有允許我的辭呈，反而希望我以其他型態繼續合作，於是我又在這個痛苦的地方多留了幾個月。

在這個功課裡，我學到了幾個重點：

1．寧可人負我，我定不負人

一定很多人會認為：待得不開心就換個頭路啊！又不是接不到案子，提了辭呈走人就好，幹麼還要寫一份檢討報告送他？坦白說我當然知道，但客戶畢竟不是朋友或家人，而是來自四面八方、三教九流的人物，本來就有不同的性格和言行舉止，開門做生意怎麼可能只挑自己喜歡的人當客戶。**他有他的缺點，我不能虧欠我的專業**。我學到的就是：收斂脾氣、理性溝通、絕不發怒。縱使對方老是把我氣到七竅生煙，但該有的品格和修養不能棄絕。

2．這關沒過，下次還會再遇到

我始終相信，工作就像打電動，這關沒過，下次到了新的地方，還是會遇到類似的事，直到通過關卡之前，這些困難都像趕不走的背後靈一樣。當你也面臨類似的問題，除了找朋友家人訴苦之外，也可以靜下心來思考：**到底在這個地方我要破的關是什麼？**可能是磨練脾氣、調整對任務可達到的成效、做更深入的研究，又或是練就一身無論面對任何類型的人都不發怒的本領。

3．不要論斷人，免得被論斷

職場經常是帶給我們苦難的最大來源，但你可以謹守兩個原則——「不抱怨」與「不論斷」。我知道很難，但是你要幹譙就走遠一點，講給你的家人或完全不相干的朋友聽，哭訴完就算了，不要在職場裡做一個說長道短的大喇叭，拉著同事一起數算老闆多壞多低能，那對你沒什麼幫助，反而會烙下一個長舌婦的標籤。

4．不要因為一個人對你的評價，而懷疑自己的價值

當你把一切該做的都盡力去做了，對方還是不斷刁難，要你讓業績飆高，做不到就用一副對你很失望的表情來讓你覺得自己是個廢物，而你卻把對方的數落放進心裡，那你就虧大了。要記得，你的價值絕對不是他人口中的價格能定義的。假設你真的那麼廢，他開除你或解除合作就好啦，留你幹麼？把你留下來，還一副你是因為他的憐憫才有這口飯吃

的態度，我知道讓你很不舒服。但是，**身為一個企業主，必須有能力評估是否要將你留下，如果你那麼不好，而他又不開除你，那就是他的問題。**他老兄愛付錢給你花，你幹麼不拿？

下次，如果心裡還是過不去，不妨留意一些頂尖業務員如何應對「奧客」，許多難搞的客戶在他們面前總是變得服服貼貼，這或許是一個需要自我操練的必經之路。

《聖經》經文——Holy Bible

「你們不要論斷人，免得你們被論斷。因為你們怎樣論斷人，也必被怎樣論斷。你們用什麼量器量給人，也必用什麼量器量給你們。」（〈馬太福音〉7：1～2）

職場斜槓心法——Mindset

不論對方如何，都不要降低自己的格。有些人的性格來自於原生家庭的教育背景，他有自己要解決的課題。每一個環境都有你要破的關，專注在自己身上，用將心比心的體貼態度去面對每一種人，縱使要走，也把自己應盡的任務做好做滿。你的價值，不是別人口中的價格。若對方擺出一副「你不怎麼樣，是我憐憫你，你才有這口飯吃」的態度，而你以此來定義自己，才是真的虧大了。

STORY

30

斜槓工作刪去法：有些錢真的不必賺

「在職場上，有些錢真的沒必要賺；然而，有些很有意義的事，就算不賺錢，也要盡量出一份力。」

這是我在職場生涯近二十年才學到的硬道理。年紀很輕的時候，總覺得名利很重要，哪裡有大錢賺、哪裡照得到鎂光燈，就往哪裡去。本事不怎樣，口氣卻很大。某次在教會裡，牧者們教導著傳福音的使命，我還趾高氣揚地說：「某天我一定要給總統大人傳福音。」當時一位很有智慧的牧者說：「妳把日常的本分做好，老老實實做人就是福音了。」那時我還很不屑，覺得他格局小沒見識，但如今回想起來，年少時的自己真是什麼都沒有，就是有膽子說大話。雖說把夢想拉大也不是什麼壞事，但守素安常才是過日子最重要的基本要素。

這些年經歷了許多有鎂光燈的日子，也在大企業當過發言人，我深知「成也媒體，敗也媒體」的原則。當我們沒沒無聞的時候很想紅，可一旦稍有名氣又有很多顧慮，講話發文都得格外謹慎，免得在外頭落人話柄，落得被酸民把祖宗十八代都挖出來起底，那樣的日子真的不好受。

我服務的某個企業，有一個個案是我的工作經歷中最短的。我一直從事著把記者送到老闆面前，讓老闆能暢所欲言介紹自家品牌的工作。那個業主老有著一個問題，總是在記者面前訴苦業界的種種惡行：哪些人幹了什麼壞事、哪些人剽竊他的創意、哪些人在背地裡給他罪受……這在我看來是非常危險的。記者當然不會當面得罪你，而是好聲好氣地回應你、拍拍你。可是記者也不是笨蛋，怎麼可能光聽你的一面之詞就同仇敵愾，把那些故事寫進新聞裡，一定免不了去向對方查證，然後對方肯定也有自己的委屈和說詞，就這麼一來一往，上演著冤冤相報何時了的劇情。這實在不是我樂見的結局，因為萬一造成對立或危機，到時候要擦屁股的又會是我，何必呢？

數次觀察後，我決定把自己的看法好好對那位業主勸說一番，希望他能調整。畢竟記者的筆猶如一把刀，有時能讓你快速飛升上神，但若是弄不好，也可以讓你瞬間下地獄。然而，我的規勸並沒有換來業主的感謝，反而認為我和那些背叛他的人一樣沒有同理心，在數次諫言無法奏效的無奈下，我背負著「沒道義、見錢眼開」的罪名，投入另一家給我稍微高一點薪水的公司。新公司的品牌不算亮眼，坐落在新北市偏遠鄉下，開始了我務實又守素安常的日子。

那麼，那家公司後來怎麼樣了？沒了我是否就沒了鎂光燈？不會的，還是那句老話：這個地球從來沒有少了誰就無法轉動的道理。企業也是一樣。如果一家公司沒了我就不發光發熱，那我的壓力也太大了。

至於我，雖然投入另一個沒有前一家公司那麼有話題性和鎂光燈的品牌，但主事者和團隊都是較為樸實土直的性格，讓我在新北的偏遠鄉下獲得了保護。而我原本擔心公司太偏僻，記者一定不愛來的顧慮也完全沒發生，因為品牌務實，又與民生需求具備高度連結，反而使我成了那幾年曝光度最高的企業公關，幾乎每星期都在新聞裡介紹熱門話題商品。樸實的老闆不愛上媒體，我不得不在螢光幕前擔任發言人，使我在職的三年半中個人品牌大放異彩，業主還鼓勵我成立粉絲專頁，同時經營自己也幫助公司曝光。

我從這兩個業主身上深刻看見了「攻擊人」與「成全人」的兩種狀態。前者跟記者分享的故事，我一個也沒經歷過，不能說是假的，但也不希望他這麼操作媒體。而後者雖然不愛鋪張、不喜好鎂光燈，卻務實地把產品做好，安安靜靜不發言，成全我、給我舞臺，我也滿懷感謝，努力寫稿抓題材，讓公司持續在媒體露出。後來我沒有繼續任職該企業，但那位老闆的胸懷讓我至今都深深感謝。

某一年的端午節前夕，適逢臺灣某個超大企業內部重要高層轉換的時節。我接到一通舊識的電話，對方提出近七位數的價碼，希望我幫他操作「一檔新聞」。什麼樣的新聞貴到願意付近百萬的酬勞只為一則曝光？要賺到這錢當然沒那麼簡單，需要「關閉良心」才能賺。對方提出的邀請和金額著實令我動容，但至於新聞內容，我一聽就明白是醉翁之意不在酒，做出來會害死人。當下我十分掙扎，那樣的金額我拚搏一年還不一定賺得到，可是一旦操作下去，絕對就與這個超大企業結下永生的梁子。我幹麼為了拚幾年就可以賺到的錢，冒著可能跟上市櫃公司結下永世惡緣的危機，去蹚這渾水呢？婉轉拒絕後，我把對方的Messenger、LINE、電話等一切聯繫方式都封鎖了。我並非討厭他，而是不相信自己能永遠正直剛強。在那個當下我勇於拒絕，但若有朝一日我內心軟弱、道德淪喪又缺錢，我會不會因著誘惑太迷人而跌倒呢？這事沒人說得準。於是我關閉了對方能與我聯繫的所有管道，防的不只是他帶給我的誘惑，也是防範我自己不知何時會受不了誘惑的罪性。

我們不能控制魔鬼何時要來找我們，但我們可以選擇迴避。男人不想要落入婚外情或桃色風波，就該懂得避開聲色場所、迴避與女同事獨處等可能讓自己跌倒的環境。人不想要犯罪，就該迴避一些總在是非黑白邊緣徘徊的朋友，不要讓錯誤的價值觀誤導自己。魔鬼都是很帥、很美的，總能用漂亮的外型、很高的報酬、美麗的糖衣來引君入甕，哪有魔鬼會青面獠牙，讓你一看就知道他是魔鬼，那你還會那麼笨就上鉤嗎？肯定是跑都來不及了。

《聖經》裡頭有段故事是，主耶穌接受試探的時候，正是祂禁食四十個晝夜、肚腹和心靈都極其軟弱的時候，但祂堅守中心思想，不與魔鬼妥協，於是勝過試探，之後換來天使的伺候。我們不是耶穌，更不能在試探來時碰運氣，試探通常在我們軟弱的時候來到，倘若無法避免試探找上我們，唯一能做的就是「躲避」。地球是很危險的，平安回家最好。

《聖經》經文——Holy Bible

「當時，耶穌被聖靈引到曠野，受魔鬼的試探。他禁食四十晝夜，後來就餓了。那試探人的進前來，對他說：你若是神的兒子，可以吩咐這些石頭變成食物。耶穌卻回答說：經上記著說：人活著，不是單靠食物，乃是靠神口裡所出的一切話。魔鬼就帶他進了聖城，叫他站在殿頂上，對他說：你若是神的兒子，可以跳下去，因為經上記著說：主要為你吩咐他的使者用手托著你，免得你的腳碰在石頭上。耶穌對他說：經上又記著說：不可試探主——你的神。魔鬼又帶他上了一座最高的山，將世上的萬國與萬國的榮華都指給他看，對他說：你若俯伏拜我，我就把這一切都賜給你。耶穌說：撒旦，退去吧！因為經上記著說：當拜主你的神，單要事奉他。於是，魔鬼離了耶穌，有天使來伺候他。」（〈馬太福音〉4：1～11）

職場拒絕心法——Mindset

突然飛來的橫財、婚姻關係以外的紅粉知己、不勞而獲且一朝得志的好機會，常常對我們造成極大的誘惑。從事某些道德模糊的事，或許當下能夠享受一時的罪中之樂，但其所帶來的後果卻是難以估算的損傷。人千萬不要把自己看得太剛強，自認就算美人在懷都能穩若泰山。如果可以，不要讓自己深陷在一個充滿試探的環境。若試探還是不幸到來，迴避它，勝過它，將來會有天使來伺候你。

CHAPTER

第 4 章

職場王子心法

——洞察貴人的模樣，成為真正的王子

STORY

31

擁有孩子般心靈的大牧師

「這個人是真有本事？還是在膨風？」

這是個不論身在職場或情感上都值得深究的話題。所謂的真假，不僅是判斷交手對象的財力與能力，也是針對其品格進行合作評估。由於擔任企業公關，我的社交圈有較多機會能接觸到不同階層的人。「親切至上」的職業道德，讓身為公關的我們在任何場合，面對的無論是白領、貴族，還是勞務階級，都懷抱同樣的款待原則，盡可能和善對待每位新朋友，縱使將來不會再有機會接觸，也要在對方的記憶盒子裡留下好印象。

有一次，朋友帶了一個看起來不怎麼起眼的上海男孩來參加聚會。那個男生約莫二十八、九歲，裝扮平凡，談吐斯文，身上沒有任何可以炫富的品牌ＬＯＧＯ，但有一點令我格外印象深刻——他傾聽人說話時目不轉睛的神情。不論交談對象的講話內容多麼無聊，他總是專心聆聽，讓對方很受鼓勵，更能滔滔不絕地傾吐。連續幾週都見到這個男孩，我發現他總是穿著同一套衣服，深聊之後，他有點害羞地說：只從家裡帶了三套衣服來臺灣出差，一套上班的西裝、一套日常的休閒服、一套天冷時穿的外套。他的生活極樸實簡單。

還有一次，在一個近萬人的教會活動，一位八十幾歲的資深講員在臺上呼叫：我需要五位觀眾上臺演繹《聖經》故事的劇情，有沒有人願意幫助我？殊不知第一個衝上臺的，是一位德高望重、手上擁有近三千人的地方教會大牧師。他高度的影響力和快速回應講者的反差令人動容，就像個稚氣的男孩一般勇敢。此舉不僅帶動臺下含蓄的人們蜂擁而上的勇氣，也讓臺上的講者免除尷尬的氣氛。在這位牧師身上，我看到謙卑與體貼。

真正認識這些人之前，我沒有辦法預設立場，更無從先去調查他們的身家背景，這幾個人讓我整理出一個邏輯：他們都有著一種「無我」的特質。而答案揭曉之後，這些無我的王子們，來頭可都大得讓我差點嚇死！

那個樸實的上海男孩，其實是全球前三大顧問公司的駐臺頂尖分析師，年薪數十萬美元，出身於上海官家，讀的是美國頂尖大學，不論學歷或職業，都是一等一的高水平，但這個人卻一點兒也沒有富家公子的驕氣。而那位牧師，自己經歷過在臺上講道，底下卻沒人回應的窘境，深知若無法得到臺下聽眾的回應與即時互動，臺上的人會多麼難堪，因此他不顧身分與任何顧慮，第一時間衝上臺，全力支持講員。

觀察這些人的處事方針，我整理出一套「職場王子心法」。我發覺內心強大的人，外在慾望低，生活也低調，他們不張狂、不浮誇，出門搭公車捷運，不開「1A2B」的跑車，好像那些世俗的名利與頭銜，對他們而言都沒有吹捧的意義。反觀一些心靈耗弱、需要證明自我價值的假公子，就特別喜歡吹捧出身名門，天天把自己來自哪個大企業掛在嘴上，就差沒刻在額頭上怕別人不知道一樣。

曾經聽一位人資長輩說過，人資對於某幾家大企業的面試者，會格外謹慎評估，因為那些人在當時的位置上，靠著品牌光環加持，不用費太多力也有資源湧入，然而一旦離開該品牌要赤手空拳打天下的時候，他們就只剩下使喚人的本事，沒辦法彎下腰來吃苦。

這些「真王子」朋友也讓我學習到，**不論出身什麼位置或擁有什麼頭銜，能夠使人強大的從來不是名片上的官位，真正珍貴的是「無我」與「利他」，一種僕人的樣子**。我很慶幸自己有許多認識人的機會，這些朋友讓我看見更多關於謙卑的見證。真正高貴的王子、公主，貴的是深化在血液裡的信念與氣度，無須言語證明。做一個真王子，其實人人都可以。

《聖經》經文——Holy Bible

「正如人子來，不是要受人的服事，乃是要服事人，並且要捨命，作多人的贖價。」

（〈馬太福音〉20：28）

職場王子心法——Mindset

故事中的這位大牧師，經常講的不是自己的成就，而是自己的軟弱、年少時的荒唐，以及教會弟兄姐妹的幫助，讓他如今能擁有三千多會友的教會。彷彿他的每個成就都不是自己做了什麼，而是來自上天的恩寵。這樣的謙卑，令人更加敬重他。他的生活態度，讓我看見僕人的模樣；而他所帶領的團隊，也都有著如他一般的胸懷。一個對的人所帶出的影響力，是用生命影響生命。

STORY

32

尊榮是因為謙卑的鄰家大叔——張善政院長

一步一步往上爬，擁有更大的位階、更多的權力，似乎是時下的我們努力在職場上奮鬥的重要目標。一般來說，擁有權力和地位，會多一些薪水與可以差遣的下屬，但除了這些，是否也會讓我們變成一個頤指氣使的人呢？

由於職務的緣故，我時常要與公部門或政府官員接洽，我發現裡頭大多數的官員，甚至是第一線執行的職員，往往不會太客氣。當陳情或報告提交給政府單位，好幾次得到的回函都是「××官員公務繁忙，不克協助此案」等直接複製貼上的回應，我心裡都很氣憤：難道整個局處只有××官員一人幹活，其他人全都死了，沒別人可以幫忙嗎？

我二十出頭時，所屬公司曾進行一項文化創意產業復興的案子，我們將那份公文提交給當時被業界譽為「文化創意產業之父」的某位官員，最終還是沒能請到他本人來出席活動，這個案子則送交到其他部會。我記得好清楚，文化部、工業局、資策會等許多部會，都接到來自該官員辦公室派發下來的函文而不敢怠慢，格外關注我們的專案，然後給予協助。這份來自於××官員的回函，十幾年來都躺在我的寶貝盒裡，是我生命中非常珍貴的紀念。

在我所認識的政府官員中，一位擁有極高位階和權力的人，卻非常的謙卑、自然，令人感到很舒服。這位「大叔」的位階幾乎是國家首長級的檔次，但為什麼我稱呼他大叔呢？不是因為我很有種，而是因為他完全沒有官威，有如鄰家大叔般，那麼親切溫暖，讓人感到不可思議，讓你很想大大擁抱他一下。

不只我這樣覺得，某次巧遇一位大學教授，他也提到這位大叔讓他印象深刻的事情：許多官員退休後的幾個月，國家仍會供給配車、隨扈等福利，讓他們能享有部分特權；但是那位大叔毅然決然地拒絕，認為自己已經不在那位置上，不需要享受那些特權。這點我非常認同，好幾次我們碰面後，他都搭捷運回家，讓我覺得太誇張了，難道不怕在捷運上被某些政治理念不合的民眾騷擾嗎？但他好像不以為意，覺得自己就是個平凡的人。

好幾次我在工作上遇到困難，向他請教和協助，他居然親自幫我打電話，替我找到有力的窗口和資源；我邀請他出席活動，他會排除萬難答應，還掏腰包請大夥吃飯，並且對我說：他很榮幸。他令我印象最深刻的特色就是「傾聽」，每次與他分享工作上的事，他總會用四十五度角的微笑，語調上揚地說：「真的啊！好棒喔！讓我來想想如何參與。」這就是我最喜歡的忘年之交大叔，隨時張開雙臂接納你，鼓勵你，並且幫助你。你幾乎會忘了他的官階，覺得他就是你的好朋友。

我想到《聖經》裡一個很有名的故事：主耶穌替門徒洗腳。主耶穌快要被釘十字架前，為每一位門徒洗腳，洗腳名單中當然有挺他的人，也有要賣掉他的猶大。他沒有選擇只服務他喜歡的人，而是服務每一個人。十二個門徒中有一個特愛當老大，他推卻了主耶穌幫他洗腳的要求，他認為當老師或老大的，不該做這種像奴僕一樣卑微的事，畢竟，今天我的老師這麼幹，以後我當了老師是不是也得這樣？但主耶穌教導他：**給你權柄是讓你來服務人，不是要你使喚人來伺候自己的。**

上位者的心若可以彎下腰來服侍人，並且手把手地教導門徒，使他們也成為謙卑的人，那麼這個世界一定有更多美好的事不斷發生。感謝我的忘年之交大叔。這位職場王子，就是前行政院院長張善政先生。我從他身上看見「尊榮是因為謙卑」的畫面。令人敬畏的未必都是兇狠或鬥爭，其實也可以是溫暖與謙遜。

《聖經》經文——Holy Bible

「我是你們的主，尚且洗你們的腳，你們也當彼此洗腳。」（〈約翰福音〉13：14）

職場王子心法——Mindset

張善政院長帶我看見真正的「公僕」是什麼樣子。我終於可以理解，為什麼媒體曾譽他為「零負評院長」，這個封號未必是因為他的在位時間特別久，而是他一視同仁、沒有尊卑之分的態度，讓他身邊的隨扈、記者，甚至是對他沒有太大幫助的我，都將他視為標竿和人生導師。對我而言，他不是高高在上的政府官員，而是願意成全年輕人的微笑大叔，不論他在順境或逆境，總是用一貫的笑顏，接納並幫助每個來到他面前求助的人，這就是我心目中最棒的政治人物。

STORY

33

忍一個羞辱，交一個朋友——柯文哲市長

幾年前擔任某公益組織的媒體指導老師職務，當時有個活動，我必須帶著學生團隊寫案子提給柯文哲市長，並邀請他出席活動。但是我們過去從未接觸也未曾邀請過政府官員，不知道如何進行，於是請教了某位曾邀請過市長的知名金流業者，他請特助聯繫我。超妙的是，接到電話的當下，那人劈頭就給了我一頓羞辱，又說我們不懂事，平時也沒有在應酬，所以必須拜託他去「關說」才有機會邀請到市長。

與公益組織的夥伴討論後，我們決定不要請那人幫忙。結果他惱羞成怒，不僅跟我的前後幾任老闆告狀，還在知名靠北社團罵我，某位長輩看不過去，要他將文章下架，問題才終於化解。受辱的當下，我沒幹譙回去，氣個兩天一定是會的，但當時某位有智慧的老闆安慰我：「別理他，那人一旦離開那個稍有名氣的公司，他就什麼也不是。」被欺負的當

下，我不直接還手，我只想把某件事做得更拔尖。

爾後我們仍然成功邀請到「阿北」。我跟他提起當時要邀請他結果卻被羞辱的事情，並且問他：「要找你出席活動，真的像那人說的，需要靠關說才可以嗎？」阿北聽了火都來了，那件事情之後，負責接洽活動的公務祕書和柯市府顧問壁如姐加了我的ＬＩＮＥ，也連續幾年因為工作需要，與市長辦公室有些聯繫，合作了許多活動。承蒙聯繫管道通暢，我與市府維持友好關係。

有一次我推動臺灣部落客協會的成立，前往市府與柯市長拍攝公益影片，等待和過腳本的時候我跟他聊天：

「阿北，你最近都在忙什麼？」

「我每天都在被罵啊，講什麼話都會被罵。」他笑笑地抓了一下頭。

「那你都不會很想幹譙回去，給他們好看嗎？」

「哎呀，不管他啦！有沒有被罵，每天都還是要上班、要認真做事。現在只要有新聞，好新聞壞新聞都很感謝啦！」

好真實對不對？這就是我近距離觀察到的柯文哲市長。面對我們這樣的市井小民，他沒什麼官架子。那次阿北特地帶我們一群部落客到市府和他吃晚餐，他吃東西超快，把食物吃個精光，只剩乾乾淨淨的碗盤。阿北搞笑地說：「跟我吃飯吼，都沒機會撿剩下的。」真是超可愛。

許多時候，小老百姓需要的就是一個機會。或許政府官員無法親自處理每一件事，但傾聽或進一步了解總是可以的。幾次的合作經驗讓我很感謝柯市長，每次多半是邀請他推動公益活動，他總是給我們機會去占他的便宜，還賣臉替我們宣傳。政治是我不懂也不太想沾的領域，但很慶幸的是，幾位相熟的政治人物，都有著願意給年輕人機會的性格。

關於前面提到那個羞辱我的人，回想起來也要多虧他那一番傷害，使我開始努力研究如何寫好提給政府首長的公函和陳情書。而與柯市長的接觸更讓我學習到，**許多高官高位的人並沒有那麼複雜，複雜的其實是底下一些利用在位名氣來欺負人的壞壞。**

柯市長的一番話讓我學到，我們無法要求這個世界對我們總是好評，即使每天都挨罵，那些謾罵也可能是虛構的，但我們依舊要認真過日子，努力生活。英雄的胸襟常常是給委屈撐大的，時間終究能替我們平反，日久必會見人心。

《聖經》經文——Holy Bible

「犬類圍著我，惡黨環繞我；他們扎了我的手，我的腳。」（〈詩篇〉22：16）

「所以耶和華如此說：我必為你申冤，為你報仇。」（〈耶利米書〉51：36）

職場王子心法——Mindset

我不知道柯文哲市長的信仰是什麼，但我的確從他的言談中看到，就算受了委屈，也不要失了自己的格調去復仇的性格。職場上最好的復仇，就是在別人欺負你的事上努力做到更好，當有一天你站在高處，回頭看那件事情，你會覺得格外好笑。往前走，時間會為你平反羞辱。

STORY 34

就算等很久，也一定要找他看診——方志男醫師

某個餐廳業者照子沒放亮，得罪某位當天裝扮親民的客人，然而他們都不知道，原來這位客人是十分資深的媒體人，能隨時透過新聞媒體發表言論，動輒讓一家店難以經營。因為一句話不好好說，換得客人表面上沒動怒，實則在網路上寫了負評。店家發現後連忙送禮送酒，吸收客人當天所有消費金額又加贈折價券，看得到的損失大約一、二萬，但若想將網路負評洗掉的成本卻難以估計。這樣的投資成本是否太高？好好說話不一定會帶來生意興隆，但看人外貌而提供選擇性的服務，卻可能遭致無法承擔的損失。

某次，一位電視臺大記者到診所採訪方志男醫師，記者抵達時他仍在為求診的病人治療，於是請記者稍等；一結束採訪，方醫師立刻對記者說：「讓你們久等真是抱歉，但我最大的責任就是要先把病人治好，謝謝你們的包容。」這樣的舉動並沒有讓記者發怒，反而更

加敬佩他，也使他的好名聲傳到媒體圈。幾個採訪過他的記者，雖然僅是短暫接觸，卻因為接觸當下看到他重視病人的態度而深受感動，於是開始無償替他宣傳。

我自己就是多年倚賴方醫師治療的患者。不誇張，你會懷疑他其實是「披著中醫師袍的心理醫生」。方醫師常說：人會生病，很多時候是心受傷了，肉體的病痛固然能解，心靈的病痛卻常常是生病的關鍵原因。許多人去給方醫師看診，常常會莫名地哭了起來，那是一種被了解和接納的感受。有幾次我看方醫師心情不好，問他怎麼了？醫生說：某個病人過世了，他覺得很難過。能擁有一位把病人當家人的醫生，真的很幸運。

曾聽方醫師說，年輕時家中一位至親長輩因病過世，那件事令他很自責，覺得自己為什麼沒能把家人救活，於是發心要做個好醫生，讓病人得到醫治和安慰，也算是彌補自己沒有救回家人的遺憾。與醫師認識多年，他根本就像我的緊急聯絡人，不論自己有任何大小病痛，我總是找方醫師；只要身邊朋友有病痛，我也不疑有他，第一時間介紹他們去找方醫師。這樣的信任，源自於他帶給我的安全感。

但我們必須誠實地說，醫生並不是神，一定有無法完全解決的病徵。並不是把所有快死的人送到他手上就非得救活不可，那壓力也太大了。但我相信的是，**當我把家人或朋友交**

給方醫師，他一定會將對方當成家人般看待，不管是市井小民還是達官顯貴，不論穿著華麗或貌似貧困的人，到他那裡都是「一視同仁」。

二〇二〇年大選後，我去拜訪好友——前行政院院長張善政叔叔，大概因為打選戰的操勞，他消瘦了許多，當天正好也遇到院長夫人，夫人說她打球扭傷了手，好些時日都看不好，於是我帶他們倆去給方醫師看診。兩位長輩看完後連連驚呼：「醫生好厲害！怎麼知道我愛吃甜食、大量吃堅果、眼睛乾澀？醫生好像通靈一樣！」其實這種話我不是第一次聽到，之前我辦公室裡的小助理扭傷了背肌，看完方醫師後傳給我的訊息，就像是下跪般的感謝。醫生的醫術好，只是標準配備；能讓每個人都讚他好，下次還要再找他，真的需要本事。

《聖經》裡有段故事這麼描述：在尋常人眼裡，稅吏和罪人都是比較下等的人，既是教師又是傳道人的主耶穌，不該靠近那些有問題的人；但主耶穌表達一視同仁的態度，任何察覺自己有病的人，不論富貧、有罪無罪，當他們願意來到醫生面前求救，醫生就會接納，並且醫治他們。

在方醫師的身上，我也看見了那種一視同仁。凡來到他面前的就是病人，不分好人壞人、窮人富人。

《聖經》經文——Holy Bible

「耶穌在屋裡坐席的時候，有好些稅吏和罪人來，與耶穌和他的門徒一同坐席。法利賽人看見，就對耶穌的門徒說，你們的先生為什麼和稅吏並罪人一同吃飯呢？耶穌聽見就說，康健的人用不著醫生，有病的人才用得著。」（〈馬太福音〉9：10～12）

職場王子心法——Mindset

我的家人朋友一旦有病痛，我總是第一時間介紹他們去找方志男醫師，因為我相信，他一定會把對方當成家人般看待。病人不分貧富好壞，只要來到方醫師面前，一律一視同仁。

STORY

35

講到打官司就想到他——呂秋遠律師

前陣子由於忙著成立一個公益組織，和夥伴去拜訪一位律師。離開的時候，在門口遇到下一組要見他的人。那是一個樣貌瘦弱、看起來有些貧困的媽媽，牽著兩個不到十歲的小孩。他們看起來很悲傷，眼睛紅紅的，懷著無助，好像來找最後一線生機的眼神，與我們擦肩而過走進律師事務所。

曾經聽某位律師講過：「如果你打官司遇到對方的委任律師是『他』，你就死定了！」當律師能當到讓同業這樣形容，也是滿厲害的。我自己就曾在數年前遇到某件不公義的事情，私訊與他聯絡。當時我並不認識他，只知道他在網路上是個有名的人。他親自回覆私訊，並請祕書安排時間讓我去諮詢，令我感到十分意外。年輕又血氣方剛的我，懷抱著滿腔憤怒前往，既聽不進律師講的話，還生氣罵他：「怎樣？不願意接我的案子，你是怕我沒錢付嗎？」他平靜地說：「這位妹妹，妳已經損失很多錢了，妳手上能開庭佐證的資訊很少，如果妳都把我當作是最後一線希望，要籌錢付我律師費，結果還打輸，到時候妳會比現在更難過。」這是我與呂秋遠律師接觸的經歷，那段時間我真的沒錢請他打官司，他卻主動說：「律師費妳有錢再給就好了，分期也沒關係。」這樣的幫助，對一個手足無措要面對訴訟的人而言，就是一場及時雨，此後我非常尊敬他，也推薦手上幾個品牌客戶給他，請他擔任委任顧問。

我大略知道他二十幾歲時是補習班老師，也做過立法委員助理，後來看到自己的長官含冤不白，激起心中必須做點什麼的勇氣，於是花幾年時間苦讀，這個非本科的外行人居然考上律師執照。成為律師的那一年，他已經三十六歲了。我猜可能因為年紀不小才考上律師執照，也經歷過人生百苦，格外能體會當事人的情緒。

初衷和動機不一樣，做出一件事情的結果往往也不同。我認識很多書讀得很好，一路往上念就是為了考上律師執照，將來靠這個看似高高在上的職業賺大錢的律師。他們給我的感覺，不像是幫你解決問題，而是像個生意人。但是，呂律實在不太一樣，當他聽到你的遭遇時激動的程度，會讓你想跟他說：「冷靜冷靜，我才是當事人！你不要那麼激動。」

我曾經帶著一位像是發了狂、死也要離婚的姐妹去找他諮詢，結果她被呂律罵到羞愧不已，摸摸鼻子悔改，重新與先生好好相處，至今婚姻也維持得不錯，挽救了一個家庭。

賺錢不重要嗎？我想賺錢是滿重要的。或許有人認為，他一定是評估過案子打不打得贏，或是你的財力夠不夠、案子打贏了會不會有媒體光環，才決定要不要接你的案子。這些當然都有可能，不過就以許多我介紹的朋友們來說，他們沒有太大的財務顧慮，也頗有市場知名度，捧著錢上門要請呂律接案，卻被他苦勸或罵回來。這些朋友和我分享，他們沒有因為呂律硬接某個根本沒希望的案子而破財。

當然，也有他願意接的。幾年前有個轟動一時的社會案件，被告當事人在輿論一面倒的攻擊下，沒幾個律師想碰。朋友請我轉介呂律，他卻意外接下這個棘手案件。後來官司贏了，也沒看他大張旗鼓透過媒體宣傳，我甚至是事隔數月之後收到當事人的來訊答謝，才曉得原來他接下那個案子。這些事也令我這個介紹人感到十分欣慰。

我所認識的呂律，不太像個生意人，當然或許有人會認為，他才是最高明的生意人。無論如何，他身為律師的態度是：「幫你選擇當下對你最好的方案才是最重要的，我不是一定要賺你的錢。」這也讓他結交到許多朋友，當人們問起有沒有好律師推薦，就會想到要介紹呂秋遠律師。

我認為，**當你把客戶的事當成自己的事，而不只看作一個案件，你就能在職場上造就極大的差異化。**這個同業口中恨得牙癢癢的討厭鬼，在客戶心中卻是像家人般的大嗓門哥哥，網路上也有人說：他是弱勢人的守護天使。不論人們對他的評價是什麼，他終究是個「特別的存在」。如果他開律師事務所的初衷是因為好賺，那應該還有其他更好的選擇。畢竟當律師不是什麼輕鬆愉快的工作，賺個幾萬塊，卻要接觸很多可怕的事情，三更半夜要替當事人進出派出所，還要聽很多會讓人想吐的謀殺故事或血腥事件。

日光之下沒有新鮮事，這個世界上，你所從事的職業不可能只有你一個人會做。然而，你可以從許多微小的細節做出差異化，別人找你就是因為需要你，當你竭盡所能把對方的困難當作自己的困難，全面為對方設想，那麼成為同業之間「特別的存在」只是順便。做一個讓人遇到某件事情，會在第一時間唸出你的名字、覺得你就是解決之道的人，那麼你便會成為一個品牌，成為人心中的指標。

《聖經》經文——Holy Bible

「惡人若回頭離開所行的惡，行正直與合理的事，他必將性命救活了。」（〈以西結書〉18：26）

職場王子心法——Mindset

或許因為角色和立場不同，不盡然人人都認同我眼中的呂秋遠律師。但是找律師，就是要找一個支持你的情況、接納你的處境、盡可能提供最適合你的方案的律師，而不是要找一個在學校裡從來沒被記過、情感上從來沒有跌倒、絕對不會罵髒話，甚至毫無缺點的人當你的律師。你是要找他打官司，又不是要找他談戀愛。在委任律師這個職務上，他對你的責任就是把你託付的事情盡全力解決。

我們無法要求自己或其他人在每件事情都能夠完美。《聖經》裡有一個人叫大衛，他不完美，也犯過很大的錯，但是他在上帝指派的任務盡全力，努力完成他的客戶「上帝」的託付，因此成就《聖經》中少數被譽為「合神心意的人」之美名。

STORY

36

貴人的模樣——陳顯立老闆

人生中使我們成長最多的，未必是各方面都「讓」我們的人。貴人時常會用多種不同面貌呈現，遇見的當下或許會覺得辛苦，但他們可能是將你的潛力激發到極致的人。幾年之後回頭看，總會使你滿懷感激。

某天早晨，我和家人分享辦公室裡某個同事總是遇到一些不平，其實是因為他沒有原則和溝通的藝術，日子過得很辛苦。聊天的當下我媽說：「妳以前也是一樣，沒原則又沒智慧，妳是到顯立那上班之後才改變的。」媽媽的這番提醒，促使我一定要將這個故事寫下來分享。當我們遇到某些不舒服的狀態，第一時間的反應一定是先幹譙，然後開始數算對方有多壞、憑什麼這樣對我。不騙你，我也是一樣軟弱。但感謝我有一個強大的信仰，每當我遇到不懂的事情，就翻《聖經》找答案、問牧師怎麼辦。這使我能用不同眼光去看待所經歷的事情，進而追尋：到底上帝要我遇到這個人或這件事情，是要教會我什麼？
陳顯立老闆曾經這樣罵過我：

「妳就是個濫好人，什麼事情都無償幫忙又沒有原則，那會讓人把妳看得很廉價。」

我是一個可以連續八十天早上六點起床去教會禱告的人，被他罵的當下，我就故意上班晚到，想用遲到這種無聲的抗議來表達我討厭上班的情緒，如今想起來真是智障。顯立老闆其實是要教我原則和時間管理的重要。人生中除了講義氣，還需要智慧。他看出我性格中的缺陷，給我致命的一擊，這番話到如今深深影響我，若「只有義氣而沒有智慧」，往往只是在浪費時間。他讓我認知，過去自己以為的「好」，其實只是「還好」，必須要更努力做到「超好」。在職場上遇到願意教你、罵你的人，格外珍貴。

與他共事的七百多個日子裡，可說是我的職場生涯中「成長」最多的一段時光：寫稿速度更快，判斷事情的精準度也提升了。**顯立老闆帶給我許多磨練，但他也是個尊重專業並且願意成全人的老闆。**我覺得一位領導人要做到恩威並施，格外需要被討厭的勇氣。我曾提出許多天馬行空、自己也沒經驗的計畫，他卻願意放手讓我去進行。在他「授權、信任」與「嚴格、果斷」的兩種面貌中，使我練就出彈性思考與更強壯的靈魂。正因為他教會我的強韌，讓我能繼續在這個不容易的世道中，走出自己的一條生存之道。

多了原則、懂得拒絕、增強被討厭的勇氣後，我並沒有減少收入、樹立敵人，反倒是案子的品質和金額都提升，也多了許多沉穩和老練。有次他對我說：「妳真的很幸運，遇到幾任老闆對妳都格外提拔。」這些話當下聽來刺耳，如今看來都是磨練我變得謙卑的關鍵。我的確是個幸運的人，人年紀輕的時候，稍有點表現就容易驕傲，但往往看不見自己的問題，如果沒有他直白的提點，我可能永遠看不到自己有多麼囂張。

我們不會永遠都待在舒適圈裡，當生活中發生一些拉扯、一些不適應、一些刺耳的聲音，需要去思考：這到底是要給我什麼祝福？或許當下看不懂，但不要抗拒它。用開放的胸懷去接受每種不同聲音所帶來的提拔。那些不同面貌的教導和砥礪，都會是人生中珍貴的禮物。

《聖經》經文——Holy Bible

「主雖以艱難給你當餅、以困苦給你當酒，你的教師卻不再隱藏，你眼必看見你的教師。」（〈以賽亞書〉30：20）

職場王子心法——Mindset

上帝使用不同的人完成祂美好的計畫，老天爺安排某些人來提拔我們，不見得總是讓你感到省心。但你可以做的，就是真實審視自己，並用開放的心胸去接受每一種「老師」所帶給你的刺激，學會「感謝」老天爺看得起你，給予你這樣的經歷，也謝謝那些願意教你、罵你、忍耐你的「貴人」，他們的成全會使你成為更好的人。陳顯立老闆就是這樣的貴人。

STORY

37

刪除生活中的沒必要——蔡學峰總經理

別人怎麼看你，真的那麼重要嗎？你的價值是建立在臉書的好友人數？發文按讚數？還是造訪過好多個國家的打卡數？

一個穿著及膝休閒褲和拖鞋，腳踏車上一前一後載著六歲和三歲小孩的中年男子，慵懶地和兩個小童在樹蔭下自拍，那輛腳踏車是鄰居沒在騎而送給他們的。共享汽車太方便，住家樓下就有一個App租車站，加上出門幾乎只搭捷運，前些日子他把家裡的轎車賣了。現在一家四口用來代步的，就是萬能的雙腳，還有鄰居送的中古腳踏車。

這位職場王子是蔡學峰總經理，和我是從十幾歲就一起長大的好朋友。他移民時，老爸住院，我們幾個麻吉去幫忙照顧，他大兒子的名字還是大家一起討論出來的，總之就是比親兄弟還親的兄弟。他也是當時我所有朋友中最成才的，二十幾歲只是週刊記者，拚了幾年，當到那斯達克股票交易所（NASDAQ）某上市公司大中華區總經理。我覺得他也是我所有朋友中最懂得「愛自己」的人，說得更精確一點，他是個懂得為自己「做選擇」的人。

幾年前，我想透過臉書介紹一個新朋友給他。我在幾次大堆頭吃飯場合上遇到這個人，對他的社經地位和過分客氣的反差印象深刻，於是向遠在海外的蔡總提到這人，請他加對方臉書當朋友。

蔡總：我不要加他，這個人不太OK，妳也不要太深交。

溫哥：啊？你是怎麼看出來的啊？

蔡總：妳沒看到他發文底下的留言嗎？都是阿諛奉承，應該沒有真的朋友吧！還有妳要記得，妳也具有相當程度的利用價值，別人巴結妳並不奇怪，不是每個人都需要深交。

蔡總的這番叨唸讓我有些驚恐，但也開始反省，我處在如此強調包裝與加工的公關領域這麼久，怎麼還有什麼都相信的單純腦啊？然而，不了解蔡總的人一定會覺得他的說法太偏激，但我知道他其實是在保護我，也幫助我學習如何觀察與選擇。

多年來，他的家裡都沒有電視，因為他寧可花多一點時間陪小孩玩，不想讓孩子覺得電視才是他爸。後來，他終於買了一臺大電視，但與其說是電視，其實就是個很大的螢幕罷了，方便他透過網路篩選優質健康、適合孩子收看的內容。相差三十幾歲的父子三人，對著那個會播出聲音和畫面的盒子，熱烈討論著為什麼烏龜會一個疊一個相載。他對六歲的兒子說：

「你的害怕是來自於『自己覺得那個東西可怕』，你要是認為蛇不可怕，蛇就不可怕，『你』是決定這個世界長什麼樣子的人！」

面對那些沒必要參加的應酬、沒必要跟的流行，他會把自己放逐到千里之外。所有會對他的生活、家人、收入，甚至情緒帶來負面干擾的訊息，都可能消耗他去做更重要事情的能量，所以他連臉書上要顯示哪些朋友都非常謹慎。他很清楚生活中的重要順序是什麼，所以更容易做判斷。這不禁讓我想起《聖經》〈詩篇〉第一篇，一開場就提到「選擇」

的藝術：照著「三不」與「一惟」的心法過日子，最終能帶來「有福」。

回顧前述幾位王子朋友，以及這位白手起家、沒有後臺撐腰的蔡總，其經濟條件和生活品質都頗「有福」，而他們有一個相同特質，就是懂得「選擇」刪除生活中的沒必要，把日子過得簡單，不在乎別人見到他時「笑問客從何處來」，而且讓「惟喜愛」成為支持他的最重要力量。惟喜愛在《聖經》中指的是神的話。蔡總的惟喜愛是：讓家人過更好的日子；有更多與家人朋友相聚的時光；珍視握在手裡的溫度與真實感，而不是臉書上tag哪個名人朋友、社群裡哭爸一些不干自己的事來刷存在感。

某天中午，久違和蔡總一起吃飯，他說前些日子情緒有些低落，不想成為我的負能量來源，於是選擇先把自己整理好、穩住腳，再與我相聚，彼此傳遞正能量。幾年過去了，我慶幸聽了蔡總的話沒有和那個臉友深交，他精準的判斷也確實一語道破許多過度包裝的不真實。

我很感謝身邊許多有智慧的朋友，也像他們一樣，努力把自己的生活愈過愈簡單，勇敢對沒必要說不，讓自己愈來愈有福。

《聖經》經文——Holy Bible

「不從惡人的計謀，不站罪人的道路，不坐褻慢人的座位，惟喜愛耶和華的律法，晝夜思想，這人便為有福！」（〈詩篇〉1：1）

職場王子心法——Mindset

「惟喜愛」是支持自己的最重要力量。蔡學峰總經理的惟喜愛是，珍惜家人和朋友，把日子過得簡單，擁抱生活中最真實的溫度，而不是在社群網站上蹭熱度。每個人選擇過日子的方式都不一樣，他的方式對你而言未必是最好的方式，但他生活中的見證與樸實度日的態度，卻令我羨慕。那種自信，不是來自於開著豪車、居住高級社區、擁有司機等優渥的物質條件，而是在任何情況下都能隨事隨在、處之泰然，讓自己的生活過得簡單愉快。

STORY

38

做職場的領頭大哥——陸棟棟技術長

二〇一九年的某個週末，我飛到上海出席「全球技術領導力峰會」（GTLC），擔任其中一位講者的對談嘉賓。多年來都擔任企業發言人的我，對自己的表達能力還算有信心，但畢竟要面對的是一群科技界高階領導人，心裡不免有些忐忑，出發前向身邊許多工程師朋友詢問分享議題和注意事項，做了自以為萬全的準備後，啟程前往上海，準備登上那個未知舞臺。然而，這場活動讓我深刻體認到，沒去過中國，不知道原來自己那麼貧瘠。我所指的貧瘠並非財力，而是血液中的上進思維與不斷學習新知的精神。在那近千人、清一色是亞洲各大知名企業CEO或CTO的場子，我見識到每一位講者身上都有一種不矯情的「謙卑」。

一位可以跟馬雲稱兄道弟的集團大總裁，說自己因為腦袋不好，賣了房子田產去創業，如今事業稍微有成（已在亞洲上市），被封個青年創業家獎，他卻覺得自己太老而羞愧。他說自己仍在學習，並建立傳承賦能的機制，期望把所長分享給更多優秀的年輕技術人才。

我的對話嘉賓主講者陸楝楝技術長，一九八三年生，是一位不時提到失敗經驗與使用者價值的高階管理者。不到四十歲的年紀，歷經創業失敗，並從失敗中爬起來。短短幾年，團隊從四十人成長至今，已有二千人，並打造一款擁有近五億人使用的App「喜馬拉雅FM」，成為亞洲最大專業音頻分享平台。

陸楝楝和團隊在創業失敗後，五分之四的人離開了，剩下十幾個人。他們一直想做一個讓億萬人使用的產品，並幫助人的生活，而這個產品需要被使用者認可。抱著這樣的初心，他在喜馬拉雅一幹就是九年，從開發者變成架構師，後來漸漸負責所有技術、產品，現今已是喜馬拉雅CTO。

峰會上，他分享自己與團隊一同成長的轉變與經歷，提出技術管理者的四大階段：

1·帶頭大哥：大家都向你看齊，意味著你要身先士卒。勇於挑戰難題，承擔責任，出現重

大問題時往前衝。

2．教官：你要教別人怎麼做。培養新進同事，甚至要手把手地教導他們，耐心和誠懇非常重要。

3．平台建置者：搭建一個管理平台，讓更多「教官」在這個平台上教別人。比如每兩週舉辦技術管理會，和人資一起選題，邀請合適的夥伴來分享，大家覺得有幫助就來參加，認為沒幫助可不來，「虛」的探討必須往「實」的方向做，讓參與者有實際收穫。

4．方向指引者：提出方向後，讓有能力的人來做導演，鼓勵自底向上的創新，若同事自願組織駭客松（hackathon），就提供他平台。

剛做管理的時候，也許只能做第一個「帶頭大哥」；到後來會慢慢進階，真正的管理者，四者都要做。不能脫離群眾，要為公司培養人才，要授權分權，要有戰略眼光。

「人生從來就沒有彎道超車這檔事，正當你打著手遊、爽爽玩樂，有些人則將時間投資在自己的成長和未來。你看見的是他已經成功的樣子，然而他不足為外人道的鍛鍊，是你根本無法想像的。」

其中一場講者分享中，以上這段話讓我烙下深刻的記憶。我在這次海外學習的旅程，歸納幾項需要精進努力的重點：

1. 做任何事都別出於競爭，也別出於虛榮，要以謙卑的心，看見別人比自己好的部分，縱使那個人是你的競爭對手，總有些值得你學習的事。

2. 向未來撒種，投資學習就是投資未來。如果一直等待好的環境或恰當的時機降臨，瞻前顧後，便會錯過好機會而不自知。如同《聖經》上說：「風從何道來，骨頭在懷孕婦人的胎中如何長成，你尚且不得知道。」許多時候我們看不見，但原則就是不斷撒種，不要停止投資自己。

3. 不要回頭看，那裡沒有將來；不要回溯過去的失敗，不要為曾經一時的跌倒而恐懼。

你需要的只是往前走，跨越恐懼，對自己、對部屬、對婚姻或孩子，都是如此，並尋找對自己有益處而非只是玩樂的朋友。繼續為投資自己而撒種，雖然不知道是哪一株先發芽，但你所付出的努力，總會用正面的回應來報答你。

這場海外學習，讓我整個人似乎被倒空了一回。真正努力改變世界的人，不是藉著比你兇、比你敢講、比你有錢有權去征服強取，而是不斷精進努力，並透過傳承與賦能，成全新一代領袖。

《聖經》經文——Holy Bible

「驕傲來，羞恥也來，謙遜人卻有智慧。」〈箴言11：2〉

「驕傲只啟爭競，聽勸言的卻有智慧。」〈箴言13：10〉

職場大哥心法——Mindset

我由於擔任ＴＧＯ鯤鵬會祕書長，認識許多兩岸三地的優秀工程師，在他們身上看到傳承的特質：不讓某種技術只停留在自己的腦袋中，而是透過教育或權力下放，成全更多領袖人才，把餅做大。這種不怕被吃垮的安全感，不是源自於沒來由的自信，而是縱使已經身處高位仍不斷學習的精神。有句話說：分享就有更多。若你以一個人的能力，一年可以賺一千萬，你該做的不是持續每年只賺一千萬，而是培訓出更多像你一樣每年賺一千萬的人，那麼獲利就會倍增，你也可以從執行者轉變成領導者。

STORY

39

那雙開腦的手也彎下腰在餐廳洗碗——陳科引醫師

某次國際公益組織的公關朋友，介紹我認識一位初在臺北創業、經營餐廳的新朋友。這位新朋友由於離開臺灣多年，希望多了解臺灣媒體的習性與經營生態。赴約當天，介紹人無法同行，我獨自前往約定的餐廳，第一眼見到他時其實令我倒抽一口氣：這個看起來不超過三十五歲、長得眉清目秀的人，怎麼這麼老土？他戴著一副過時的金屬框眼鏡，說話時腰板挺得筆直，自我介紹像是準備要上臺演講的小學生一樣有禮貌。談話過程中，只見他專注地聽著我的分享，點頭如搗蒜，將我說過的話記在腦中並複誦一遍。在他身上，我看見了「專注」與「倒空」。

這個男生是陳科引醫師，而且其學經歷都頗嚇人：早年被父母送到國外念書，不僅考上中國最高學府北大醫學院，也持有美國的醫生執照；數年來於北京協和醫院擔任腦神經外科醫生，執手術刀搶救過無數生命。雖然醫師的收入相對比一般人略高，但高度忙碌的工作也犧牲了生活品質。執醫數年後他有感而發，覺得多年離鄉背井，照顧了好多人的父母，卻無法照顧自己家中的雙親。因此，他毅然決然辭去中國的醫生工作，回到臺灣創業開餐廳，並協助經營父親的海洋公益事業，從零開始學習經營管理。

有幾次和陳醫師聊到：為什麼他能完全放下醫生的光環，甘心回到臺灣經營餐廳呢？他回：「當醫生的那些年，看過太多的死亡，幫病人擦血、清大便，很多更不堪的事情都做過……」不到三十歲就擔任中國最大醫院腦神經外科醫生的他，有過太多血淋淋的經歷。家屬把患者送到這家全國最具規模的醫院，就是期盼可以被救活。但是開腦的風險最高、最困難，當然也有無法救回的病人。他經歷過被病人家屬毆打、吐口水，有苦難言卻也只能全往肚裡吞。

回到臺灣這些年，他投入家裡經營的海洋環保工作，幾年前在嘉義與一群漁民和專業教授進行抹香鯨擱淺搭救的任務。一位為人開腦的專科醫師，換了一個時空，也能成為魚類的救援者。二〇二〇年六月，我參與他主導的世界海洋日推廣活動。在臺灣這個不是非常重視海洋環保的環境，他們仍舊努力保存稀有魚類的遺骸，希望透過小小的力量，為地球與海洋保育盡一份心力，也讓人看見許多將要絕種的海洋生物。活動上，政府單位的長官希望他替每個魚類作品錄製說明影片，他從頭到尾逐一細數每個作品和魚類的來由與意涵，一錄就是兩個小時，也不見他喊一聲累。

某次兒童節連假前夕，我在沒有事先告知的情況下去到他的餐廳用餐。從廚房的出菜口小縫看進去，那是一個令我很敬佩的畫面：曾為醫生的他，正穿著圍裙，彎著腰蹲在地上洗碗；那雙診治過無數外科病人的醫生的手，換了場景，仍舊彎得下腰，努力做好分內的工作；不論過去的成就或社會地位多麼輝煌，換了位置，也能甘心樂意擔任一個洗碗工的角色。而當醫生這件事，他似乎用另外一種型態繼續著。餐廳裡接納了許多原本家庭狀況比較辛苦的年輕人，他耐著性子，手把手地教導員工煮咖啡、做餐點，給他們一個可以彎下腰來學習、自力更生的環境。他用另一種面貌繼續擔任醫生的角色，用不同的方式繼續照顧人。

其實，他很少向臺灣的朋友提起自己過去在中國擔任一級院所的醫生，但經常聽到他和有疾病的朋友談論病因和情況，從中發現他毫不藏私地告訴對方要如何面對、如何找到方法去治療，或者介紹好醫生。從他身上，我看見醫者的風範，不論在任何環境下，都能用醫者的心境處事。雖然他現在是餐廳經營者，我還是習慣稱呼他「陳醫師」，無論是否擁有醫生的頭銜，那溶在血液裡的謙卑，都沒有改變。

《聖經》經文──Holy Bible

「他被掛在木頭上親身擔當了我們的罪，使我們既然在罪上死，就得以在義上活，因他受的鞭傷，你們便得了醫治。」（〈彼得前書〉2：24）

職場王子心法──Mindset

能蹲得低的人，一定可以跳得更高。很多時候，人生劇本突然改寫了，許多人未必能夠倒空歸零，重新開始新的日子。陳科引醫師蹲在廚房洗碗的畫面，多年來都烙印在我心中。不論我們的家世背景多好，學歷多高，擁有的頭銜或身分地位如何，終究要回到生活的本體，去體驗、去經歷每個角色或轉折所要帶給我們的學習。醫生這個角色，未必只能存在於醫院，也可以在生活中、在職場上。做一個謙卑待人、能彎下腰來做事的人，相信上天必有眷顧。

STORY 40

用生命在吹頭髮的女子——吳汶諭設計師

中山北路上，有一間我經常光顧的髮廊，它坐落在不起眼的巷弄內，裝潢也不華麗。相較於東區或信義區門面光鮮的髮廊，這家店看起來很不吸引人。會進去光顧，是因為某天和一位客戶約訪，而我太早到，於是去洗個頭殺時間，也開始我「一試成主顧」的生活。

不論個人職涯或企業發展，想要在競爭激烈的戰場中脫穎而出，建立差異化是必經之路。我必須說，這位設計師真是「用生命在吹頭髮」。每次都可以用梳子吹出如同電捲棒的效果，就連其他髮型設計師朋友看到我的頭髮，都覺得這位師傅很厲害。這家店很特別的是：我常在此遇到許多政商名流、立法委員、影視明星、一些叫得出名字的千金小姐；也常看見全身穿戴一看就是數十萬行頭的貴太太，還有司機開著保時捷或賓利來接送。

到底這家不起眼的髮廊魔力在哪裡？近一年來幾乎每週兩次到這家店洗頭的我，歸納出兩個成功的差異化：一是單純、二是捨棄睡眠。接受服務的過程中，設計師幾乎沒有主動跟我推銷任何產品，也沒叫我再多做個護髮、燙髮或其他服務；僅是單純地完成我想要的造型，每次都帶給我驚豔，讓我漂漂亮亮地走出去。而捨棄睡眠是指這家店的營業時間。請問全臺北市一早八點半，哪裡有髮廊開門？正確來說是，哪裡有「很會做頭髮」的髮廊開門？其實非常難找。但對於時不時要上新聞受訪、開會見大人物的公關工作者，或隨時都得保持亮麗外型、職業很吃儀表的人來說，這家髮廊的開門時間真是太窩心。

我與這位設計師配合了將近一年，讓我感到上癮的另一個關鍵是安心。我幾乎不用多談要做什麼造型，她便主動問我：今天出席什麼場合呢？是要約會、上電視、演講，還是開會？然後針對我當天的需求規畫適合我的造型。這種默契也源自於我對專業的尊重，當你全然地把自己的頭髮「交託」出去，這份信任同時會成為對方的「信心」，於是更賣力地為你服務。也因此，這位設計師成為我每逢重大場合的重要夥伴。某次她為鄰座客人服務時，我聽到一段搞笑的話，美麗的客人對她說：「妳不可以比我先死喔！因為我死掉的時候也要請妳幫我做頭髮，這樣我才可以漂亮地躺進棺材。」

這家店的成功，給了我幾個重要的啟示。我曾分享過一句座右銘：單純是究極的精巧。你在職場上都在想些什麼？想要怎麼賺得更多？怎麼偷懶少做點事？怎樣拗同事？還是在茶水間和人聊八卦？當然我們都有過這樣的念頭或行為，但我觀察到，職場上格外出色的人總有著「快、狠、準」的特質：能「快」速發現需求並滿足它；對自己夠「狠」，別人時間到了要去吃飯，他們總是挨著餓先把事情做成再來想肚腹的事；精「準」射中靶心，讓服務的成果盡可能達成目標，甚至超越目標。光是想這些事情，就已經夠燒腦了，其實不太可能讓過多的雜亂思緒或同事抱怨的情緒話語來占據腦容量。

你的公司，或你個人的服務，能夠創造出與別人不同的差異化嗎？整個臺灣有多少家髮廊、多少間診所、多少位醫師，為什麼客人要找你而不找別人？差異化的標籤其實就是你的品牌。當牙痛，就會想到你是那個可以「馬上讓人不痛」的醫生，而且你「剛好很溫柔」；當需要好造型，就會想到你是「早上八點半就開門」的髮廊，而且你「剛好很會替人加油打氣」，讓客人一整天都充滿信心；當需要發新聞稿的公關服務，你可以「快速完成並保證露出」，而且「剛好能教客戶後續回應記者的話術」。**你的存在，「剛好」能夠滿足他人的需要，而這份剛好，就會一傳十，十傳百，源源不斷散播出去。**

還記得你來到這個工作崗位的初衷嗎？當個好醫生、當個優質的設計師……我不知道你起初的夢想是什麼，當然在職場生活中，一定有許多鳥事讓我們停滯不前，但你可以選擇逃避那些聲音，避開總愛說長道短的人，專注於如何提升自身專業、如何將目前的工作做得更好、如何受到客人喜歡，並且加入一些除了專業之外的感性訴求。

《聖經》中一段故事說到，好行為就像是福音，為需要的人打亮一盞光。雖然只是一個小女子的服事，卻因為她的用心造福了許多人的需要。那樣的專注，就會讓她閃閃發光，名聲也源遠流長。把焦點擺在對的事情上，也能幫助自己成為按時候結果子，並且不枯乾的樹。

《聖經》經文——Holy Bible

「人點燈，不放在斗底下，是放在燈臺上，就照亮一家的人，你們的光也當這樣照在人間，叫他們看見你們的好行為，就將榮耀歸給你們在天上的父。」（〈馬太福音〉5：15～16）

職場王子心法——Mindset

凡事不斷精進和強化自己，重複做簡單的事，就能在那件事上做出成績。許多看似成功的人事物，往往都是別人苦心經營多年的成果。讓自己成為那個人人都想找你幫忙的人，首先必須在某些事上做到頂尖，做出口碑，讓人留下「只要找你，就能解決那件事」的印象。

STORY

41

安安靜靜卻患者滿溢的牙醫師

「妳最怕什麼?」某天與老媽聊天,談到彼此最害怕的事,媽媽說:「我最怕老鼠。」我不怕老鼠,因為我愛米老鼠。但如果說到什麼讓我最害怕,一個是蟑螂,另一個就是「牙醫師」。

我想,一定有人和我一樣,天不怕地不怕,就怕蟑螂和看牙醫。以前自己一人租房子住時,只要家裡發現蟑螂,我就會立刻把家裡噴滿殺蟲劑,然後頭也不回逃去別人家或住飯店,再拜託朋友到我家確定蟑螂已經死了,才敢回家住。而關於看牙醫,其實看牙的過程到底是不是那麼痛我也不太記得,但是那個電鑽聲和看不到醫生接下來要幹麼的恐懼感,總是讓我害怕到心臟好像快要停止。

好多年前,因為牙痛隨意找了一家診所看診,印象中那個醫生好兇,也不管我害不害怕，更沒告訴我接下來的流程是什麼，迅速拔了一顆應該還不到「壽終正寢」的牙。才二十出頭的我，少了一顆好好的牙齒，心裡覺得特別不爽！從此之後對看牙醫產生了恐懼，並立下「若不到痛死，絕不看牙齒」的誓言。

幾個月前，已經多年都不進牙醫診所的我，因為某顆牙痛到無法入睡，不得不面對看牙醫。透過家人介紹、朋友推薦，也嘗試去了幾家門診諮詢，但說真的就是沒一個醫生讓我覺得靠譜，都還沒開始治療，就告訴我「這情況不妙」「妳這很嚴重」「幾顆牙齒弄起來大約要八萬」「前前後後大概要搞六個月」這些話，沒有一個醫生確實體會我的感受：

「我現在超痛，你如果可以馬上讓我不痛，後面都好商量！」

其實，我觀察過許多高單價產品的頂尖業務員，比方說進口高級車、名牌包，或我自己很常購買的某設計師品牌服裝，這些成功的業務員都有些共通點：不推銷、不為客戶做太多介紹，也不會讓人感到「現在不買，將來你會哭」的壓力。反之，他們給客戶的感覺就是「舒服」，透過傾聽和觀察，明白客戶當下要的是什麼，又或者客戶其實不知道自己要什麼，於是他們透過換位思考，從客戶的角度給予建議，並且解決問題，後續訂單自然會源源不絕地來。這些頂尖業務員能使客戶下單的關鍵，通常不是三吋不爛之舌，而是讓對方買到一種「爽度」。

幾經波折之後，我決定透過祈禱來尋找我的牙醫師。非常幸運的是，離家不到三分鐘的路程，我遇到一位好醫生，看診當下只跟我說了一句：「妳這顆牙齒已經蛀到神經了，所以才會痛到頭都痛，抽掉神經就不痛了，今天就來處理吧！」說真的，嚇了我一大跳，很多診所都會先洗個牙、塗個藥，再約下次門診。然而這位醫生知道當下最重要的就是解決我的疼痛，而且進行每個過程前都會告訴我：「現在要打麻藥了，會有一點痛喔。」「現在要磨掉部分的牙齒，加油，再一下下就好了！」看診中，他很清楚地告訴我每個行動、步驟、細節，以及抽掉神經後要做假牙的費用，並且透過不斷的鼓勵降低我的恐懼。

這讓一人看診的我帶來很大的安全感，覺得有個理解自己的醫生，很可靠。果然當天門診結束後真的不痛了，醫生很快替我安排下一次做假牙的門診時間。看診後，我在社群軟體上分享這個美好經驗。在我的推薦下，許多和我一樣害怕看牙醫的朋友紛紛前去預約，甚至一位企業家太太帶著此生未看過牙醫的嬰兒去看診，嬰兒在看診中居然完全沒有哭，甚至讓媽媽一起完成洗牙任務。就這樣，我的牙醫師變成我朋友圈中的口碑醫生，他不但治好我的爛牙，也消除我多年不敢看牙齒的恐懼，我還主動要求做牙齒美白。

那麼，他令我「成交」的關鍵是什麼？

1．了解客戶在問題中最想解決的關鍵，並直接滿足需求。

2．體會客戶看診的恐懼心理，每項過程前清楚告知動作，讓客戶不因未知而意外受到驚嚇。

3．不做任何推銷，而是把滿足需求和解決問題作為首要目標。

4．服務態度一視同仁，不論有錢人、普通人、嬰孩或老人，都能給予有如ＶＶＩＰ的呵護感，提供超越期待的服務。

《聖經》中有一段話：「與喜樂的人要同樂；與哀哭的人要同哭。」做任何事之前，互換角色，將心比心，當你自始至終想的都是「如何發現需求，並且直接滿足」，那麼業績好，都只是剛好而已。

《聖經》經文——Holy Bible

「你心若向飢餓的人發憐憫，使困苦的人得滿足，你的光就必在黑暗中發現，你的幽暗必變如正午。」（〈以賽亞書〉58：10）

職場王子心法——Mindset

體恤牙齒痛的人有多害怕、理解想買某件裙子的客人將出席多麼重要的場合、滿足要買新車的顧客因為技術爛而需要鈑金厚的車……從對方的角度思考，你就會知道當下該怎麼做。當你想著的都是發現需求並且直接滿足，那麼業績好只是剛好而已。

CHAPTER
第 5 章

公關實作心法
——任何領域都適用！

STORY

42

寫出快狠準的新聞稿：高效率「倒立工作法」

在現今這個充滿變化的商業環境，提升職場競爭力是現代人非常重要的操練。其中，工作效率對企業公關或行銷相關工作者而言，是相當重要的一環。其實也不只這樣的職務，我看過一些工程師夥伴，因為速度和效率跟不上公司腳步而被淘汰。如何提升效率，用同樣的八小時，把自己發揮到極致，我想是每個人都該操練的課題。

就拿寫新聞稿這件事來說，這是品牌公關的日常，但新聞有時效性，除了要找到新聞哏，更要搭配天時地利人和。而時事哏稍縱即逝，一個不留神，哏就過時了，你現在還會用「追寶可夢」或「滿滿的大平台」嗎？不會了吧？因為早就過氣了，這就是我們被新聞追著跑的壓力。

很多人會問我：怎麼妳寫稿能寫那麼快呀？我的回答常常是：**如果寫不出來會死，你**

就不會慢了。我們時常追著時事新聞跑，當天的題材若當下沒追到，明天再發稿就是「舊聞」而不是新聞了。當環境給我們很多不便，你就會拍腦袋操練。通常從接到指令、弄懂議題，直到寫完一篇新聞，我只給自己六十分鐘的時限。其中三十分鐘是搞懂內容的起承轉合，剩下的三十分鐘就是「專心」，一口氣寫完。注意！這三十分鐘要非常專注，盡量不喝水、不上廁所，一氣呵成，效果加乘。為什麼一定要規定自己在短時間內把腦中資訊寫下來？因為時間愈短，丟出來的重點會愈清晰準確。若要求你得在一小時內生出來，你會拚了命地想方設法；但若給你兩週，包準你晃來晃去思考，思想亦會發散，未必能夠專注寫出對的東西，那麼作品時常會歪。

我們寫新聞稿的人，最重要的不是把文章寫出來、沒錯字、語句通順就夠了，如何讓「記者刊登」才是重點。如果寫得又快又順，但是媒體不要，那很抱歉，這僅止於練身體健康而已，也就是白寫了。議題不對，馬上要換題目，找到下個題材，然後再花三十分鐘修改。搞懂案情的始末因果非常重要，除了自己弄懂，更要寫得讓記者看得懂，而且願意刊載。我的習慣是，把案子的重點目標放在第一列，也就是大標；然後將腦中理解的文字打成逐字稿後再順修；接著從中畫重點。

同理而論，不管是寫新聞稿、寫專案企畫，還是寫程式，我認為重要的關鍵就是「倒立思維」。倒立思維，來自於馬雲先生的著作，意指不要只顧著你要講的，更要倒過來思考讀者需要的、消費者想要的，或專案的最高目標是什麼。一個漂亮的案子，如果只是漂亮卻無法帶來任何曝光或獲利，那就本末倒置了。

總而言之，快速達成工作的速度與效率，最關鍵的還是取決於態度。速度的快慢並不是對錯的問題，而是一種選擇。同樣的八小時，你可以選擇慢慢做，用七小時在腦袋中刻劃出最完美的劇情，寫出五百字文章，然後被退稿，結果一天的時間也過完了；你也可以選擇給自己一些壓力，調好鬧鈴，只給自己三十分鐘去完成一樣的事情，然後調整、精修，再進化。其實我們很難在腦中刻劃出「完美」的專案或新聞，因為工作不是只求個人的完美作品，我們都是奮力達成事業藍圖的其中一片拼圖罷了，能用才是重點。

我的建議是，給自己設定一些磨練，然後持續八個星期。讓生活有一點時間壓力，其實是鍛鍊紀律的好方法。二〇一八年，我給自己設定了很難的任務——每天五點半起床晨讀。對於超級愛睡覺的我而言，是非常痛苦的過程，特別是寒流的日子更是辛勞。但是，每天持續一下，日子久了，你的身體就會習慣，然後效率會變成你的常態，而不再是難以達成的困境。

現在，我已經持續每週至少三天五點半起床四年了。下次展開一項專案之前，你也可以試試看，調個鬧鈴，給自己一點「寫不出來會死的壓力」，在沒人逼的情況下自我磨練，很快的，你也會成為職場上亮眼的「快、狠、準」智多星。

《聖經》經文——Holy Bible

「懶惰人哪，你要睡到幾時呢？你何時睡醒呢？再睡片時，打盹片時，抱著手躺臥片時，你的貧窮就必如強盜速來，你的缺乏彷彿拿兵器的人來到。」（〈箴言〉6：9～11）

職場快手心法——Mindset

不管有沒有人逼，十幾年來我已經習慣寫一篇稿最多只有三十分鐘，時間到了就得停筆，所以寫稿如同閉關，完全聽不到旁邊的聲音。其實快慢不是評估好壞的標準，也有許多慢工出細活的見證，只是我的行業如此，於是我便如此。如果你很想成為快手，建議下筆前把所有資訊盤點一遍，條例式畫出重點，清楚思考起承轉合，然後訂下鬧鐘，一口氣卯起來寫。鬧鐘響時停筆，看看你寫了多少字、重點是否講清楚，這樣簡單的事反覆地做，慢慢就成精了。

STORY

43

沒金城武代言也不會死：把產品做好更重要

「沒有什麼上不了新聞的事件，只有不關心記者和消費者需求的行銷人。」

我常在課堂上跟學生這麼說。這話好像口氣很大，於是有些學生問：「老師，那妳有沒有遇過很爛很爛的產品，就是包裝不了的案例？」當然有，但針對這個問題，我沒有直接回答我的學生，反倒給他們一個情境去思考。

數年前，波蜜果菜汁曾找金城武代言，許多人都不記得這個廣告，深入找出當年的廣告影片，又會覺得好怪。金城武給人的既定印象中，與幾個飲料有很深刻的連結，包含數十年前的白蘭氏雞精，一句「讓我照顧妳」和廣告中織毛衣的暖男形象，讓他和產品都紅遍大街小巷。近年來的御茶園、中華電信形象廣告，也沒有違和感。但是金城武代言波蜜果菜汁，就會讓我們覺得好怪，因為不知道訴求是什麼。是想傳達喝了會健康？想表達帥哥都喝波蜜？還是金城武身上有著新鮮蔬果的特質？這些都讓消費者難以聯想。

你認為，波蜜果菜汁如果沒有金城武代言，會不會就不賣？假設，消費者因為沒有金城武就不買波蜜果菜汁，那麼果菜汁是不是就沒有存在的必要？人人都是因為金城武而買，而不是因為喝果菜汁很健康而買，那到底該怎麼做？每項商品都有其存在的道理，果菜汁要帶給消費者的是健康與均衡的「服務」，而金城武只是使商品質感提升的附加價值，如果產品本身並沒有任何營養成分，又或者其存在根本是在危害世界，不僅不會為消費者帶來幫助，也毫無購買道理，那麼金城武還要代言嗎？公關還有力道去操作產品新聞嗎？

什麼是值得被鎂光燈關注的商品議題？從它可以「服務」的人數多寡，就可以看出其市場價值與新聞優勢。也就是說，推出這個產品前，先去試算它能夠服務的N有多少，數量愈大，就代表商品被媒體關注的機會愈大。

倒立思維也是一個品牌推出新商品前需要思考的重點，你所推出的服務或商品，是來自於你「自認為」的市場需求？還是你真正看見這個世界的需求？兩者所帶出的結果很不一樣。而後者是用「滿足需求」的方式創造，帶來更美好的作品。

我認為最成功的產品或品牌，並不是靠某個名人代言後就大鳴大放，而是產品本身做得好，代言人只是在形象或風格上與這個品牌的消費者印象非常雷同，所以才合作，這才是正確的品牌觀念。

《聖經》經文——Holy Bible

「惟有那以力量束我的腰，使我行為完全的，他是神。」（〈詩篇〉18：32）

職場品牌心法——Mindset

每個品牌不該是少了誰就無法存活，那是非常危險的事情。假設我們把品牌的成敗歸咎在某個代言人或創辦人的身上，那麼當他不在了，這個品牌也將落入危機。沒有誰是品牌的神，品牌的核心價值、產品的優勢和品格，都應大過某個人所帶出的影響力，如此才會成為歷久彌新的見證。

STORY

44

貴得要命生意依舊好：客人喝的不是飲料，是格調

如果你是企業主、公關、業務、行銷，你希望自家的品牌在消費者心中留下什麼印象？很好喝，就算一杯六十五元好貴但還是要買？還是讓消費者記得那是一家發表支持「一國兩制」的店，卻完全忘記飲料很好喝？

二〇一九年八月六日，我接到媒體同業的聯繫，希望我能對「臺灣手搖茶業者政治表態事件」發表看法。我沒有經營過冷飲店，實在不敢說什麼建議，我只認為，每個人在生命中的每個決定都是一種選擇，天底下哪有什麼絕對的真理、完全的對與錯？反觀這個事件，我想起「莫忘初衷」這句話。業者出來賣冷飲，為的是什麼？是為了滿足消費者口渴的時候，能喝到一杯健康又解渴的飲料？還是在低落的時候，因為一杯甜甜的茶帶來美好的滋味而平復了憂傷的情緒？當消費者產生「需要」，想到你就是那個能「滿足」他的人，

這就是做「品牌」了。

《聖經》提到，主耶穌說：「人若喝我所賜的水就永遠不渴；我所賜的水，要在他裡頭成為泉源，直湧到永生。」我想，如果我是一家飲料店經營者，這句話或許就是我的初衷吧。所有口渴的人，不論臺灣人、中國人，或哪個黨派的人，需要思考的「初衷」是，能不能解每個人的「渴」？能不能在人憂傷時給予一杯甜甜又好喝的茶，使之恢復力量？關於誰要罷工、誰要上班，都是他們打從心底的選擇。而我該做的，就是好好煮茶、賣茶，讓不論是要罷工的人或是要上班的人，都因為我在這裡，使他們口渴的時候獲得一杯「解渴」的茶。

對於這個事件，我實在沒有對應的危機處理方法。因為我不會讓我的品牌去發表該罷工或該上班的言論，我只是賣冷飲的，最需要思考的是：我為什麼存在？我為了滿足誰而存在？不論對方做了什麼選擇，都予以尊重，並在他口渴的時候，為他準備一杯立即解渴的好茶。

即使市場策略會隨著大環境的改變而有所調整，但當你的品牌陷入這般危機，我仍有以下建議供大家參考：

1．思考你當初為何創業？

2．表態支持哪一邊、哪一團體，對你的生意有什麼幫助？

3．你發表的任何言論，是否與你的品牌初衷「對齊」？

站在創業初衷上，提供精準的服務給消費者，消費者便會甘心樂意地掏出錢包去消費，買的往往不是物品本身，而是買一種格調、一種品味的彰顯，這就是品牌的概念。你仔細留意：為什麼許多人到誠品看書時會拍照打卡？因為彷彿常到誠品停駐，就會被當成文青，這就是品牌的高度與價值讓人引以為傲的連結。大家所想要買的，未必是那杯飲料，而是拿著那個牌子所傳遞出來的格調。

《聖經》經文——Holy Bible

「人若喝我所賜的水就永遠不渴；我所賜的水，要在他裡頭成為泉源，直湧到永

生。」（〈約翰福音〉4：14）

職場銷售心法——Mindset

銷售這件事情，表面上看起來是買一種必需品來解決生活中的某種需求，但實際上更深層的意義是，買到這個東西不只一解表面上的渴，同時也解掉心裡的渴。有沒有聽過一句話：「我喝的不是咖啡（或任何品項），而是情懷。」這樣的行銷文字，常被行銷人放在某些高單價的商品文案上。就如同女性買包包，並不是真的需要那麼多包包，而是那個牌子拿在手裡，能彰顯出使用者的品味與價值觀。

STORY

45

沒記者來的記者會：用極少錢做出大量曝光

某年三月初，我任職的公司投資了一家旅行社，剛開業沒有知名度，也沒有宣傳，因此很需要媒體打頭陣來做曝光。公司投資一筆預算，推出比市價低近七成的旅遊促銷方案，行程中還加入當時最流行的「網紅外拍」單元。在產品包裝和價格上，我們都很有信心，於是規畫了盛大的記者招待會，宣布開幕並主打行程。

不料，記者會前三天，電視臺播報馬來西亞航空MH370班機失蹤的消息，到底是墜機還是消失，所有關注焦點都在馬航新聞上，造成大眾對旅遊搭飛機的恐慌。離記者會只剩三天卻發生這樣的事，原本開開心心的上市活動，變成處理危機的個案。我們必須立刻決定記者會要不要開，若不召開，所有已經通知的媒體、飯店、表演、施工廠商，都要立即停擺。全盤思考過後，我給老闆一通電話：

「馬航墜機，在這個時間點我們不能做宣傳了，因為不會有版面，也會有負面觀感的問題，建議立刻取消記者會的計畫。」

老闆聽完我的分析後同意這個決定，於是我開始著手後續的所有變動。這件事情的發生並不是可預料的，但危機來了是沒有時間讓你傷心的，處理是當下最重要的事，我們所能做的就是將損失降到最低。我開始聯繫飯店停辦、聯繫記者取消活動、聯繫所有廠商取消原訂施工……當時有人問我：「有必要做這麼大的變動嗎？媒體會有其他記者可以支援吧？」說真的，這是一個不容易的決定，但遇到危機的當下，必須要立刻冷靜做幾件事情的評估：

1．原本辦活動的目的是什麼？想要得到什麼結果？

①讓媒體記者來參加，爭取新聞大篇幅的曝光。

②推廣新上市的旅行社，讓更多人知道並產生消費動機。

③讓人覺得這是個創新且貼心的品牌。

2．若我們依舊選擇硬上，會造成什麼結果？

①大部分記者全去追重大新聞而不會出席，場子大人卻少，長官和來賓都會十分尷尬。

②版面被大新聞占得滿滿，就算有機會擠進去，秒數也非常少，講不到重點。

③別人正為國難悲傷，而你卻歡笑要去旅遊，只會被討厭且被認為超級冷血。

那麼，把原訂支出的費用全部控制下來，然後呢？就不宣傳了嗎？當然不行。一般而言，一個重大社會案件大約會占新聞媒體一到兩週的時間，孰不知禍不單行，馬航「下片」又來了太陽花學運，當時企業公關們幾乎叫苦連天，那段時間有個人力銀行公關鼓起勇氣召開記者會，但很不幸「現場空棚」……

眼看離銷售截止日和旅行出發日愈來愈近，我決定開一場不花大錢的造勢活動。場地就選擇媒體林立的內湖周邊公園。我對所有媒體發出記者會邀請函後，帶著兩名網紅模特兒、一位攝影師、一張品牌LOGO手板，以及一臺DV和腳架，驅車來到記者會現場，沒有燈光，沒有音響，沒有舞臺，沒有麥克風，迎接我們的是一片綠油油的草地與空無一人的公園。

這樣的結果其實是料想得到的，因為大家都卡在立法院的太陽花學運門口，大概不會來了。縱使如此，依舊按照計畫，主持流程，介紹活動，並用ＤＶ側錄沒有觀眾的表演，攝影師則拍攝模特兒在草地上享受大自然的外拍情境。準備收拾道具走人的時候，我接到一通陌生電話：

「喂，我是《〇〇日報》記者，剛從學運現場逃出來，你們結束了嗎？我想來拍點讓人比較舒服的新聞……」

於是，這場荒謬又寂寥的記者會，我們只專心接待一位記者，也由於沒有任何裝潢和布置，能拍攝的畫面就是僅有的一張ＬＯＧＯ手板和兩名模特兒。

隔天早報，居然得到該報半版的曝光──斗大的品牌字和兩位模特兒，高掛在沉重的其他新聞旁邊。這個大篇幅的曝光，意外帶動其他電子媒體的關注，當天一早我陸續接到八個電視新聞臺打來表示要追這條新聞，而我們早就預備好ＤＶ畫面，裡面是模特兒的訪談和影像，記者可以直接把影片拷貝帶回去剪輯。就這樣，一場只花不到三千元的活動，竟然換來一個報紙半版，加上八家電視新聞臺專題式曝光。於是我們開始鋪天蓋地透過新聞影片做網路曝光的宣傳，順利將產品售完，也宣傳到新上市的旅行社。

如果你叫我再做一次同樣的事情，我不覺得一定能同樣幸運，但這件事上，我想有幾個動作是做對了：

1. **深入了解市場動態、觀感：**迅速做出判斷，將損失降到最低。
2. **不要有太大的得失心：**善用有限的資源，並將內容記錄下來做預備。
3. **不要投資太多錢：**辦活動所投注的金額愈大，成效不好時挫敗就會愈深，所以不要給自己太多預算去處理事情，沒有大錢才會動腦筋。

對於每個業務、行銷、公關，或任何職場工作者而言，精準對焦公司方向，設定目標，然後邊做邊修正，會愈走愈通。我們只能將所有該準備的事情都預備好，忍耐、等候、不輕易放棄。峰迴路轉，機會是留給有準備的人。

《聖經》經文——Holy Bible

「我又轉念，見日光之下，快跑的未必能贏，力戰的未必得勝，智慧的未必得糧食，明哲的未必得資財，靈巧的未必得喜悅，所臨到眾人的事在乎當時的機會。」（〈傳道書〉9：11）

職場預備心法——Mindset

時機未必會剛好到來，我們所能做的就是在每個狀態中盡力。我們不能要求老天爺不下雨，但卻可以在出門前準備雨傘。我們無法算準明天將發生什麼事，但卻可以把自己預備好。不論做新聞、做人，或面對任何未知，都是一樣。機會和苦難常常突然來訪，在安逸的日子裡把自己預備好，當一切水到渠成，事情自然也就成了。

STORY 46

你必須打亮品牌：公關要做企業最好的化妝師

品牌做公關非常重要，但太多人不知道公關要怎麼用。你的品牌要如何在現今的資訊汪洋中被看見？而且打中你的目標溝通對象？進入市場前，你一定得做好市場定位策略。但是，品牌的市場定位怎麼做？做好了又該如何執行？首先需要問的是，你的企業有聘僱「品牌公關」嗎？在臺灣，九〇％以上的企業主都沒有在組織編制裡規畫這個位置，多數是因為不知道公關要做什麼，而且存在許多迷思：

「公關就是代表公司去應酬、參加活動露臉，不會有實際產值，等到有需要再找公關公司接受一次性的服務就好了啊！何須養一個專職的？」

如果上述是你曾經有過的想法，那麼你必須好好重新認識一下這個角色。**品牌公關，其實是「品牌市場定位策略規畫師」**，也就是幫助一項品牌進入市場時確立印象，發展獨特的定位策略，並且徹底執行，讓它被消費者、其他企業所看見。

每次承接一個品牌之前，我會慎重詢問企業主：你想要什麼？你期待你的品牌在市場上有什麼樣的性格？在人的心中有怎樣的重要性？這個開始非常重要，我最怕遇到的回答是：「我的品牌就是要賺錢！」賺錢是每個開門做生意的人最基本的需求，但做品牌是為了長久獲利而付出的基本投資。以賣球鞋來舉例：你可能是一家球鞋代工製造商，生產鞋子的成本不高，銷售出去後的確會賺錢；然而，當品牌主在鞋子外加上一個打勾的商標，那所賺到的錢就比原本的價格翻漲三十倍。這兩者的差別就在於有沒有做品牌。

做市場定位，表達品牌的理念和核心價值；有了市場定位，未來所做的每個規畫都將依循著初心做長遠的決策。只要有核心理念，未來做任何決策或異動時，都有準則可以參考，而不會迷失方向。因此，品牌公關的任務就是，協助企業主，並共同溝通品牌真正想要表達的定位與訴求，再落實到經營策略中，這便是建立品牌印象的開始。

對品牌公關來說，所有的行銷都必須將「品牌信念」融合在其中。許多公司在市場上占有一席之地，好像各方面都很不錯，但卻沒有相對應的信念，這樣很容易隨著市場的競爭程度增加就被淘汰。比起那些照著市場定位步驟走的人，做好市場定位的人所採取的每個宣傳，都與其策略息息相關，因此需要有以下的步驟：

1. **建立定位意象**：若忽略了市場定位，會導致主要目標客群對品牌有所誤解。
2. **思考你是誰、你為何存在**：找到只有你可以提供給目標客群的特性和價值，以及他們正在找尋，但市場上尚未出現的價值與特色，打造品牌吸引力。
3. **找出主要目標客群，以及他們想要什麼或需要什麼**：確定了定位、吸引力，接著思考最適合溝通的對象的輪廓，那些人代表你的市場區隔。
4. **思考如何滿足客戶需求**：你無法取悅所有人，因此需要清楚的市場區隔，讓你所服務的對象更具意義，他們之所以成為你的顧客，是你與他們擁有一致的價值觀或理念。找出你的品牌差異化，打出一條屬於自己的路。
5. **觀察自己與競爭對手的差異**：你和競爭對手的溝通方式、品牌性格、傳播管道是否具備差異性。

6．發展獨特的定位策略：確定了理想的市場定位，接下來的目標就是在買家心中創造獨特的印象。這個印象必須有別於你的競爭對手或其他品牌。掌握這些資訊，就可以清楚指出品牌的最初價值觀、目前市場上存在什麼問題，而你的品牌要如何解決這些問題。

確認完上述步驟，接下來要進行為期數年以上的市場溝通了。一個記憶度高的品牌，最快的方法是大砸廣告預算，採用洗腦式溝通一個slogan，如近年來讓全國電子再次重回兵器譜排名的那三個字。除了大量且極聚焦的溫情手法之外，所有策略和行銷的溝通重點都是「揪感心」，久而久之，變成每人口中朗朗上口的臺詞。這當然包含整體員工素質的訓練。我曾經為了定位品牌，假裝奧客，親自走訪全國電子，詢問電腦卻又不買，甚至還問店員附近是否有二手電腦銷售商家。對方不但沒有給我白眼，還親切認真地告訴我如何前往，這個體驗帶給我很大的收穫，我確實在全國電子的服務中得到「揪感心」。

若你沒有這樣大的集團財力，只是一個中小型企業，但有心要做品牌，那麼擁有一個專職的品牌公關就非常重要。這個品牌公關必須不斷透過撰寫新聞稿、社群露出，持續而穩定地為品牌發聲，或與任何跟自家品牌意象有相同理念的其他產業合作……這些都是品牌公關需要持續規畫並穩定操作的工作。

做品牌，的確是一件長久戰。我的品牌公關生涯中，最長的是用七年半操作一個品牌，最短的也有兩年。關於兩年的那個牌子，我在兩年內為品牌主創造一千次的新聞曝光，其中包含每天進行兩次以上的記者會和媒體餐敘等，讓我手中的品牌不斷與外界對話。這就是品牌公關的真正意義，他所帶來的除了消費者的知名度和記憶點，更可能讓創投或大型企業看見。我所操作的那個七年半的品牌，就是因為品牌知名度夠大，於是被大財團看中並直接併購。

這就是我所看見的品牌公關的價值。建立品牌，必須是臺灣企業重視的一環，正所謂國富民強，當中小企業，甚至國家都通往品牌化的路前進，那麼富足將指日可待。

《聖經》經文——Holy Bible

「叫你們凡事富足，可以多多施捨，就藉著我們使感謝歸於神。」（〈哥林多後書〉

9：11）

職場品牌心法——Mindset

用體貼市場的心態來規畫產品、定位、行銷策略，往往是讓品牌持久穩定的不二法門。生意不錯的時候不要過度投資，不要野心過大而急速拓展分店或過分開銷，而是要持續穩定地與市場溝通，把產品設計得更貼近大眾、更滿足眾人的需要，才是王道。

STORY

47

領導人才培育：人人都要會的腦力激盪法

「腦力激盪法」（Brainstorming）是行銷部門發想創意的利器。許多產業可能完全沒有嘗試過腦力激盪法，其過程需要引導、等待、整合，才會逐漸往可執行的方向邁進，因此企業端無法接受這一連串的時間成本。然而就操作品牌、定位市場、規畫消費者探測時，腦力激盪法是相當重要且頗有用的運作方式。

我曾經上過一門品牌課程，課堂上負責引導的教練拿出幾本當時時尚圈非常重要的刊物：《BEAUTY大美人》《VOGUE》《Bella儂儂》《ELLE她》，要求每位來自不同產業的學員針對以下題目進行腦力激盪：

1．如果該品牌是一個人，你覺得他是什麼類型的人？

2．他是男人還是女人？
3．他是什麼星座？
4．他喜歡買什麼品牌的鞋子？
5．他喜歡的對象是哪一類型？
6．他幾歲？
7．他搭公車還坐捷運？
8．他的職業是什麼？

一連串莫名其妙的問題讓參與者一頭霧水，但其實這是一種挖掘消費者輪廓、設定行銷策略與溝通對象的起點。不同領域的學員共同腦力激盪，對於各品牌的想像、感性訴求、既定印象，就在一來一往拋出的單字中，漸漸勾勒出消費者的臉。接著，透過教練整合大家的資訊，行銷人於是愈來愈清楚看見自己的消費者，原來長得像《慾望城市》裡的莎曼珊，是個天蠍座的職場高薪女子。行銷團隊可以進而與這樣的族群溝通，主打該輪廓女子可能有興趣的觀點、議題、產品。討論過程中，對於方向設定是否有誤、有無調整空間，都會愈來愈清楚。

現在，有些企業甚至視腦力激盪法為培養領導人才的長期投資。我參與某個女性品牌公關工作時，很意外地再次經歷到這樣的文化。過去，我自己付費去學習品牌的腦力激盪法課程，而在這家公司幾乎每週都進行這樣的操練，並相信每位不同專業領域的夥伴所發想出的創意都不一樣。在行銷會議中，不僅有行銷夥伴參與，包含技術工程師、關鍵字大數據分析師，連人資夥伴都是會議中的創意發想者。

就拿「馬來西亞市場策略」來說：人資夥伴會想到馬來西亞「僑生人口」比例在臺灣相當高；關鍵字團隊會以關鍵字分析的視點，用當地「網路瀏覽數」來思考；行銷夥伴會根據市場觀察，想到這幾年在馬來西亞熱銷的「珍珠奶茶」；總機妹妹則依據流行文化而聯想到「梁靜茹」。這些標籤並非毫無意義，而是可以透過邏輯的整理與系統化的標籤，使每位發想者的內容落實到專案當中。這樣的過程讓團隊開始有了「敢發言的勇氣」和「不怕犯錯的精神」，也會產生成就感，進而讓年輕夥伴在工作中培養出「敢作夢，也有能力圓夢」的性格。

現在，不少年輕人透過腦力激盪法和 SCRUM 讓自己倍速成長。在一間平均年齡二十七歲的公司，一位從大學實習就參與專案的小助理，接受團隊訓練五年後，如今二十六歲的他，已經是可以獨當一面的中階主管了。這就是品牌企業看重「對人的投資」而回收的甜美果實。

操作品牌，必須看遠且看深，許多微小細節上都可以察覺業主是否有心。放煙火式策略的確是一種方法，但經營品牌如同經營生命，企業主必須投資員工，接納不同的聲音，耐心等候員工「成全人」的過程中也不得不經歷許多錯誤和艱難，但流淚撒種後，必能看見歡呼收割的果實。而進行這樣的團隊訓練時，有幾個步驟要先確立與設定：

1．專案主題
2．預期結果
3．目標

比如說，本次會議的目標是透過各部門的腦力激盪，找出品牌的主要目標對象。一個產品（或品牌）不可能滿足所有人，但可以讓某群人對它死忠，倘若目標是打深而非打廣，那麼這樣的設定過程較容易找到合適的溝通對象。

不批評、不獨裁，接納每個人的創意與看法，了解在不同類型的人心中，對於該品牌的認知是否有共同點或相異點，並透過系統化的邏輯，將每個人提出的答案設下標籤，歸入某個欄位。比方說：馬來西亞的酸辣麵、珍珠奶茶對當地人的吸引力，可以歸於美食類；海島國家、沒有冬天的國度，可以歸於氣候類……以此類推。

整合和設定啟動機制，需要一位擁有強大邏輯溝通能力和表達能力的教練，在輕鬆愉快的討論過程中，接納並統整所有人的意見，確實梳理出會議結果的執行策略，並分派給各部門人員研究市場與執行作業。

透過腦力激盪法的運作模式，可以建立向心力並激發創造力，也能讓夥伴們更了解自家品牌現階段需要朝向哪個目標前進，降低人治的獨裁感與獨自一人承擔整個專案成敗的壓力。由於所有過程都由團隊一起進行和修正，能提升員工成長的幅度，並降低離職率。

《聖經》經文——Holy Bible

「流淚撒種的必歡呼收割！」（〈詩篇〉126：5）

職場人才心法——Mindset

職場上最難的，其實不是自己把事情做好做對，而是教人。領袖的狀態會影響整個組織的風格，一個有愛、紀律、包容、彈性的環境，上位者永遠懂得恩威並施。做主管的不是只有下指令，而是思考如何倍增，手把手地將技能教會下屬，這是讓組織壯大的好方法。我們的安全感不能總建立在自己的表現上，而是要讓自己的能力傳承、再放大，那麼原本能夠帶來的獲利，便會因為分享而大大擴增。

ENDING

終章

人生才是在打怪！

STORY

48

別害怕，你不是一個人！

一位好友偶然說了些沒經過大腦的話，意外打開了某個噩夢盒子的開關，把很多可怕的魔鬼釋放出來。每個人多少都有一些地雷，當開關突然打開，瞬間的爆炸會令你發現，你以為早已好了的假象會立時崩塌。

年代最久遠的魔鬼，是在幼稚園的畢業典禮。印象中我很期待老爸來看我跳蝴蝶蝴蝶的舞蹈，結果他老兄因為該死的酒攤宿醉而沒出席，人生中唯一一次的幼稚園表演就再也不能重現了。

小時候我哥的功課超好，而我永遠只是還好，於是一天到晚被罵：妳怎麼不像哥哥一樣……於是我決定讓功課變爆爛。這件事如今回想起來我覺得頗虧，因為沒在腦袋還靈光的時候把英文學好。

國中時期最重要的成長party，就是二年級的童軍大露營，因為那是人生第一次離開家的體驗。我哥要去露營的那年，老爸開車帶著全家送他出行。而輪到我的那年，卻該死遇到老爸傷了腰要動手術，媽媽得去醫院照料，我始終記得我在窗戶邊看到她半夜出門的身影……於是人生第一次離家出遠門的旅行，是我自己一個人去。

高中時期我讀的是藝術，老爸覺得沒出息，我常被他罵得像狗，高中三年都住校不回家。最後終於辛苦畢業要回來了，跟我感情最好的阿公卻死掉了。

「為什麼總是扔下我？」

所有事情都能用理性解釋，他們不是故意的，但我真的覺得很衰。而且長大後，這樣的情況依舊發生在很多很多的事上，只是因為我比較勇敢，只是因為我有信仰……成了任何我可以被忽略的理由。後來我發現，我很常跟朋友說：「不管怎樣我一定不會扔下你！」那彷彿是在對每個快要被扔下的自己說的，其實對方可能根本沒有陪伴的需求，也不會珍惜或感激。其實我始終不知道該怎麼做，到底要做到多好，要優秀到什麼地步，才不會再被比較，不會再被扔下。而這個魔鬼似乎每隔幾年就會來敲門，又或者他從沒真的離開過，只是暫時藏了起來。

《聖經》上有段話令我非常羨慕。摩西死了，約書亞承接摩西的任務，要帶以色列人出埃及，小小的他應該也很害怕，於是神對他說：「你平生的日子，必無一人能在你面前站立得住。我怎樣與摩西同在，也必照樣與你同在；我必不撇下你，也不丟棄你。」人是無法做出這樣的承諾的，因著生老病死或許多無奈，或許就連我自己都曾有過不小心忽略誰、扔下誰的時候。我很感謝我的信仰和信念，使我知道，有一個必不撇下我，也不丟棄我的倚靠。不需要考一百分，不必什麼都贏，無條件在我的每個或大或小的戰役中，同在。

人生才是在打怪——Mindset

「你平生的日子，必無一人能在你面前站立得住。我怎樣與摩西同在，也必照樣與你同在；我必不撇下你，也不丟棄你。」（〈約書亞記〉1：5）

APPENDIX

附錄——工具箱：風傳媒×華爾街日報

身為一個隨時留意世界各地時事、趨勢、變化的公關，當需要了解國際新聞和產業動向，《華爾街日報中文版》就是我最好的幫助者。誠如書中提過，我的外語能力並沒有非常好，但幸好我總能遇上很棒的朋友、很好的工具。風傳媒推出的《華爾街日報中文版》，就像是幫助我即時了解世界各地動態的個人翻譯官，不僅提供我最精闢的國際新聞資訊，也透過在地化的文字描述與翻譯，方便我隨時掌握最新消息，成功站穩趨勢專家的腳步。

〈https://www.storm.mg/member/premium-plan?promotion_code=YLPRWSJ〉

溫哥工具箱——
風傳媒×華爾街日報

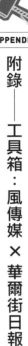

EPILOGUE

結語

工作就是在打怪

——用公關心法，打通你的職場任督二脈！

EPILOGUE

結語

二〇二〇年三月，我收到一則以轉職為主題的演講邀請。當時新冠肺炎疫情正在升溫，而我的母親也在那段期間因為不甚失足摔斷肩胛骨而住院。一邊忙於工作，一邊往返醫院照顧母親，加上恐懼疫情的複雜情緒，坦白說當時的我對那場遠在高雄的演講實在提不起勁。

我從沒講過轉職相關主題，多年來的職場經驗大多都是被挖角，因此我做了一份簡報，標題叫作「轉職的關鍵，來自你在職的表現」，談到職場智慧、向上管理、利他心法。很意外的，短短一小時的演講，似乎頗受主辦單位和聽眾的好評。會後，當天的主持人——知名作家許維真（梅塔／Metta）小姐對我說：「溫哥，妳講的觀念真的很棒，我覺得妳可以出書！」聽到這樣的恭維，我通常只當作場面話，笑笑帶過。但還真是妙了，演講後一週，她帶了遠流出版的編輯子逸來辦公室找我，並已多方蒐集關於我的完整資訊，準備好了一份企畫。再隔一週，出書計畫便迅速定了下來。

這件事情對我而言就像是神蹟一般地降臨。我完全沒想過要出版什麼作品，至少十年內沒有。但過去在商業周刊、數位時代都開立常態專欄，定期撰寫文章，因此累積不少獲得好評的作品，或許是這樣，出版社有信心為我這個沒什麼在經營個人品牌的素人出書，我覺得他們實在是非常有膽。

人生的際遇，上帝真的都有預備。簽下出版合約，準備開始寫書的那個月，正好碰到疫情的最高峰，許多客戶都陷入收入爆跌的危機。不誇張，當時我手上的公關顧問客戶居然從六個掉到兩個。我一下子多出許多時間，就此展開專注閉關寫書的日子。大約花了整整兩個月，我把這二十年的職場經歷完完整整地寫成一部「打怪聖經」，寫書的過程就像自我充電，回憶起許多充滿艱辛卻正能量的故事，也是陪伴我度過未知疫情的力量。然而說也奇怪，就在我完成本書後，公關顧問的客戶案件，又一個個再度回到手中，彷彿那兩個月寫書的沉澱時間，就是上帝專程為我安排的，要我專心把這本書寫完。

誠如在本書一開始提到，我的人生充滿了許多神蹟。我只是一個南部鄉下小姑娘，高中畢業後背了個包，帶著媽媽給的六千塊到臺北，究竟是如何從總機小姐，進入臺灣最大上市櫃公司次集團擔任公關發言人、成為部落客協會祕書長，並在商界、政界、媒體圈都具有一定的知名度與影響力？到底我做對了什麼？遇到了哪些人？如何在關鍵時刻做出正確的判斷與抉擇，帶領我突破那些生命中不可抹去的難關？這些都在這本書的四十八則故事中，向您娓娓道來。

最後我想告訴你的是，這些奇蹟般的故事，不會只發生在我的身上，但願透過這本充滿真實血淚與經歷的書，帶你認識那個為我的生命創造許多神蹟的導演，下一個經歷職場神奇故事的，一定就是你。

公關溫拿（Winner）

工作就是在打怪：
用公關心法，打通你的職場任督二脈！

作者　公關溫拿（Winner）／王蜜穜
主編　陳子逸
設計　許紘維
校對　渣渣
特約行銷　劉妮瑋

發行人　王榮文
出版發行　遠流出版事業股份有限公司
100 臺北市南昌路二段 81 號 6 樓
電話／(02) 2392-6899
傳真／(02) 2392-6658
劃撥／0189456-1
著作權顧問　蕭雄淋律師

初版一刷　2020 年 9 月 1 日
定價　新臺幣 350 元
ISBN　978-957-32-8849-7

遠流博識網 www.ylib.com　YLib.com 遠流博識網

國家圖書館出版品預行編目（CIP）資料

工作就是在打怪：用公關心法，打通你的職場任督二脈！
公關溫拿（Winner）著
初版；臺北市；遠流；2020.09
288 面；14.8 × 21 公分
ISBN：978-957-32-8849-7（平裝）

1. 職場成功法

494.35　109010237